小麦越冬后，春季看苗情确定管理措施。一是查苗补缺，确保全苗。二是酌情浇水。三是查治地下害虫。四是适时中耕保墒破板结。图为小麦专家郭天财教授春季查看苗情

　　"一喷三防"是在小麦生长期一次性喷施"杀虫剂、杀菌剂、植物生长调节剂、叶面肥、微肥"等混配剂，达到防病虫害、防干热风、防倒伏，增粒增重的生产技术措施

小麦根腐病

小麦纹枯病

小麦黑穗病

麦田杂草——播娘蒿

麦田杂草——野燕麦

麦田杂草——稗草

麦田杂草——猪殃殃

蚜虫

特种玉米——爆裂玉米

白玉米

马齿玉米

玉米生长期中耕可以提高地温，有利于扎根、壮苗

苞叶变白干枯，籽粒基部出现黑层、乳线消失，这个时期是玉米收获最适期

灭茬整地

玉米第三代黏虫

多种杂草混发的玉米田

防灾减灾是玉米生产的重要措施。
图为大风灾害造成的根折

河南省农业广播电视学校
河南省农民科技教育培训中心　　组编

河南主要农作物生产技术

职明星　丁　红　董广同　主编

中原农民出版社
·郑州·

河南省农民教育培训教材编委会

主　任　薛豫宛
副主任　刘　开　李铁庄　石有民
编　委　余　斌　吴秀云　李惠军　秦自功　杨青云　王群生
　　　　钮瑗瑗　胡　兵　平西栓　丁　红　杨贵军　贾爱琴
　　　　刘超良　张久亮　张传龙　刘自军

本书作者

主　编　职明星　丁　红　董广同
副主编　王留标　史风琴　张　锴
参　编　（按姓氏笔画排序）
　　　　王　珂　付　景　刘长喜　杨青云　李军安　谢根里

图书在版编目（CIP）数据

河南主要农作物生产技术/职明星，丁红，董广同主编．—郑州：
中原农民出版社，2016.8
ISBN 978 - 7 - 5542 - 1477 - 0

Ⅰ．①河… Ⅱ．①职… ②可… ③董… Ⅲ．①作物 - 栽培技术 -
河南 Ⅳ．①S31

中国版本图书馆 CIP 数据核字（2016）第 193894 号

出版社：中原农民出版社
　　　（地址：郑州市经五路 66 号　　电话：0371 - 65751257
　　　邮政编码：450002）
发行单位：全国新华书店
承印单位：河南鸿运印刷有限公司
开本：787mm×1092mm　　　　1/16
印张：11.5
字数：230 千字　　　　　　　插页：4
版次：2016 年 8 月第 1 版　　印次：2016 年 8 月第 1 次印刷

书号：ISBN 978 - 7 - 5542 - 1477 - 0　　　　定价：25.00 元
本书如有印装质量问题，由承印厂负责调换

编写说明

　　《河南主要农作物生产技术》以农业发展趋势为导向，以河南省当前种植的主要农作物为基础，以我国优先发展的主要农作物为依据，通过八个章节介绍了小麦、玉米、水稻、大豆和甘薯等粮食作物，花生、油菜、芝麻等油料作物和棉花等经济作物的主要生产现状、生产环境、限制因子以及生产模式、相关生产技术要点。

　　本教材涉及的农作物播种面积占河南农作物播种面积80%以上，选择的农业技术尽可能考虑到单户生产规模扩大后的技术需求变化。本教材紧密结合农业生产实际，注重理论知识的学习与实际操作训练的结合，讲练结合，学以致用。突出模块化、微阅读形式。可作为农业中等职业教育教材、新型职业农民培育教材使用，其他农业生产者也可参考使用。

　　本书在编写和出版过程中得到许多专家、学者、朋友的热情帮助和中原农民出版社、河南省农业广播电视学校、河南科技学院等单位领导的大力支持，另外本书还引用了一些专家、学者等的研究成果等，在此编者谨向大家致以衷心的感谢！

　　由于编者水平有限，编写任务紧，书中错误疏漏和不当之处难免，敬请读者和同行批评指正，以便修订和完善。

编　者

2015 年 11 月

目 录

模 块 一
农作物生产基础

【学习目标】

1. 了解农作物、农作物分类、种植制度、产量构成要素、品种等基本概念。

2. 理解农作物的生长发育与生长环境、产量与品质、品种及生产技术的内在规律。

3. 掌握农作物的种植制度、生产布局、病虫害防治原则，以及农产品的收贮知识等。

4. 熟悉农作物的种植方式、生产环节、管理技术等。

河南是中国农业生产大省。2013 年，河南省农作物播种面积为 1 432 万 hm^2，占中国农作物总播种面积的 8.7%。粮食作物播种面积 1 008 万 hm^2，占全国粮食作物播种面积的 9.0%；油料作物播种面积 159 万 hm^2，占全国油料作物播种面积的 11.3%。棉花种植面积虽然大幅度萎缩后仍有 18.7 万 hm^2，占全国的 4% 以上。

河南省粮食作物总产量 5 713.7 万 t，占全国粮食总产量的 9.5%；油料作物总产量 589 万 t，占全国油料作物总产量的 16.8%；棉花总产量 19.0 万 t，占中国棉花总产量的 3.0%。

可见，河南省粮食作物种植比重较大，平均产量也高于全国平均水平。尤其是油料作物，播种面积也高于全国平均水平，而产量水平则更为突出。

学习任务一　农作物与农作物生产

一、农作物的概念

农作物是人类改造自然过程中的产物，现在种植的农作物都起源于自然界，是经过人类长期选择和栽培的植物。没有经人类选育及栽培的、自生自灭的植物为野生植物。两者的主要区别在于是否经过人类选择和栽培。

农作物,广义上是指凡对人类具有经济价值的,为人类所培育和栽培的各种植物。狭义上是指对人类具有经济价值,被人类种植在大田中的植物,即农田作物,也称大田农作物,俗称庄稼,包括粮、棉、油、麻、糖、烟等。随着种植业结构的调整,种植业内涵得到丰富,果、菜、花、饲料、药用作物等也进入了农作物种植的范畴。农作物的种类也是随着人类历史的进展、农业生产的发展而不断扩展的。

本书所阐述的农作物生产基础,主要指狭义农作物中的粮、油、棉等,且在河南省种植面积较广的农作物。

二、农作物生产

(一) 农作物生产的概念

农作物生产是指选择优良作物品种,采用科学管理技术协调光、温、水、肥等自然环境,促进植物生长发育。农作物生产要根据农作物生长发育规律及农产品食用安全规范,采取各种人为措施,如土壤耕作、合理密植、施肥、灌排水、防治病虫害等田间管理技术,以及科学的收获形式、贮藏方式,以获得高产、优质的农产品,满足人类的需要。

(二) 农作物的生产特点

由于农作物生产受到自然环境与科学技术及社会经济发展水平的制约,因此农作物生产具有以下几方面的特点:

1. 生物性

农作物生产的载体是有生命的生物体,所以,各项生产技术要适应生命的发展规律。

2. 地域性

不同的纬度、地形、地貌、气候、土壤、水利等自然条件,构成了作物生产的地域性。如南北温差、干旱潮湿、平原丘陵等。

3. 季节性

由于农作物的生长周期较长,不同农作物需要的光、热条件不同,要合理掌握农时季节,使农作物生长期与环境最佳期同步。

4. 连续性

农作物生产是连续的过程,一茬接一茬,相互紧密相连,互相制约。

5. 复杂性

农作物生产不仅受自然环境、管理水平的影响,还受科技水平的影响,只有协调好各种因素之间的相互关系,才能达到高产、稳产、优质、高效的目的,发挥农作物的生产效益。

三、农作物的种植制度

农作物的种植制度是指一个地区或生产单位的农作物组成、配置、熟制与种植方式的总称。主要包括以下几个方面的内容：农作物组成及配置，是指种植什么农作物及品种、种植面积、种植区域等，即农作物的生产布局。种植方式，耕地种植与否，在耕地上一年或种植一茬、多茬或休闲等，即复种与休闲的问题；种植农作物时选择单作、间作、混作、套作、移栽的方式；轮作与连作，不同的生长季节或不同的年份，即农作物的种植布局如何安排。

（一）农作物的生产布局

1. 农作物生产布局的定义

农作物的生产布局是指在某一区域内，对计划种植的农作物的种类、品种、种植面积及田间配置进行的安排和规划。农作物生产布局的范围、时间、规模没有严格的限定。范围可以是一家一户，也可以是一个农场、一个合作社、一个乡镇、一个县区，甚至是一个省、一个国家。生产布局规划的时间可以是一个作物季节、一年、几年甚至几十年等。生产布局规划的规模同样可以有大有小。根据需求，合理进行规划，但是，农作物的生产布局须要坚持一些基本原则、把握一些重要环节。

2. 农作物生产布局的基本原则

（1）需求原则　在国家或地方政府的导向的基础上，结合市场需求及自身发展需求合理制定生产布局。

（2）生态适应性原则　生态适应性是指在一定区域内农作物的生物学特性与自然生态条件相适应的程度。一种农作物（或品种）只能在一定的环境条件下生长发育。需要强调的是，能够种植的并不意味着适应性就是最优的。例如，小麦在我国各地都有种植，但是最适宜区域是黄淮海平原及青藏高原，虽然华南也有种植，但是产量、品质较差，种植面积并不大。河南省的小麦产量及种植面积均居国内首位。

（3）经济效益原则　获得良好的经济效益是进行农作物生产布局的根本出发点，根据生产成本和农产品价格趋势，进行合理安排农作物生产布局，才能获得最大收益。

（4）可行性原则　进行生产布局时，必须结合现有的经济基础、技术水平、生产条件客观地进行规划生产布局，否则，就会导致严重亏损甚至破产。

　　3. 进行农作物生产布局的主要环节

　　（1）明确市场需求　只有生产出满足市场需求的产品，才能实现生产的价值。因此，在进行生产布局规划之前，必须进行市场调研，准确了解市场需求，才能有的放矢，为社会生产出满足需要的农产品。

　　（2）查清生产条件　查清当地自然条件，包括热量条件、水利条件、光照条件、地貌条件等，以及资金投入规模、设备装备水平、技术储备多寡、贮藏加工能力、政府鼓励与否等。

　　（3）进行可行性评估　尤其是对较大规模的生产布局进行规划时，必须进行可行性评估，准确分析能够满足生产各个环节的条件。评估内容包括：自然资源是否得到科学合理利用和保护，生产者素质能否达到要求，耕作、管理、收获、贮藏条件是否达到要求，经济效益是否得到显著提高。

（二）农作物的种植方式

　　河南省主要的农作物种植方式主要有复种、间套作、轮作与连作等。

　　1. 复种

　　（1）复种及其相关概念　复种是指在同一地块上一年内连续种植两季或两季以上的种植方式。复种是我国农业增产增收的重要途径。耕地复种程度的高低常用复种指数来表示，即全年总收获面积占耕地面积的百分比。公式为：复种指数 = 年农作物收获的总面积/耕地面积×100%。河南省的复种指数为150%～180%。国际上通常用种植指数来表示用地的程度，其含义与复种指数相同。

　　复种有接茬复种、移栽复种和套作复种等形式。

　　接茬复种是指在同一地块上，一年内前茬作物单作收获后，播种下茬作物的种植方式。如小麦收获后，接着播种玉米或大豆等。

　　移栽复种是指在同一地块上，一年内前茬作物单作收获后，移栽下茬作物的种植方式。如大蒜收获后，移栽棉花或西瓜等。

　　套作复种是指在同一地块上，一年内前茬作物单作收获前，在前茬作物行间套种或移栽下茬作物的种植方式。如小麦套种玉米、棉花或西瓜等。

　　（2）熟制　熟制是我国对耕地利用程度的另外一种表示方法，它以年为单位表示收获农作物的季数。常见的熟制有"一年两熟""两年三熟""一年多熟"等。一年两熟是指一年内收获两季作物，如冬小麦 – 夏玉米，用符号"–"表示年内复种；两年三熟是指两年内收获三季作物，如春玉米→冬小麦→夏甘薯，用符号"→"表示年间复种。

　　（3）休闲　休闲是指耕地在可耕种农作物的季节里不种植作物，它是恢复地力的一种措施，包括全年休闲或季节休闲两种形式。

　　（4）复种条件　自然条件能否满足作物正常生长需求是决定能否复种的前提。

因此，复种需要具备以下基本条件：

1）热量条件。热量是决定能否复种的首要条件。复种的热量指标包括积温、生长期和界限温度。

积温是指一年内日平均气温大于10 ℃持续期间日平均气温的总和，即活动温度总和。一年内大于10 ℃的积温在2 500～3 600 ℃，只能复种早熟青饲料农作物或套种早熟农作物；一年内大于10 ℃的积温在3 600～4 000 ℃，可一年两熟，但要选择生育期短的早熟农作物或采用套种或移栽的方式；一年内大于10 ℃的积温在4 000～5 000 ℃，可进行多种农作物的一年两熟种植。一年内大于10 ℃的积温在5 000～6 000 ℃，可进行一年三熟的种植；一年内大于10 ℃的积温大于6 000 ℃，可进行一年多熟种植。

生长期是指大于10 ℃的日数的天数。大于10 ℃的日数少于180 d的地区农作物多为一年一熟，复种极少；大于10 ℃的日数在180～250 d的地区，可以一年两熟；大于10 ℃的日数大于250 d的地区，可以一年多熟。河南的生长期为190～230 d。

界限温度指农作物各生育期的起点温度、生育关键期的下限温度及农作物停止生长的温度等。如冬季最低平均气温-20 ℃左右是小麦种植的界限；18 ℃是豆科农作物生长的下限。

2）水分条件。水是生命之源，在热量条件具备的基础上，还要考察水分条件能否达到复种要求。水分条件包括降水量及降水分配规律，地上、地下水资源，蒸腾量、农田灌溉设施等。

从降水量分析，一般年降水量达到600 mm的地区，基本可以实现一年两熟，河南年降水量一般为600～1 200 mm，呈南多北少的分布趋势。

3）土壤条件。土壤的肥力、耕作性也是影响复种的重要因素。在肥力好、易耕作的地方，采用复种容易取得良好的效果。

4）机械条件。复种主要从时间上充分利用热量、水分、土壤等的生产能力，为了能够在较短的时间内及时完成前季作物的收获、后季作物的播种以及田间管理，必须拥有必要的机械设备条件。尤其是在劳动力成本越来越高的趋势下，机械条件的重要性越来越高。

（5）复种技术　科学的复种技术，可以更好地发挥复种的作用，提高复种的效益。当前主要的复种技术包括：

1）选择适宜的农作物组合及适宜的农作物品种。熟制确定后，选择适宜的农作物组合及适宜的作物品种，有利于解决复种遇到的热量、水、生长期的矛盾。如在热量资源紧张的区域，选育生育期较短的农作物比较稳产。

2）采用套作或育苗移栽技术。套作或育苗移栽技术是解决生长期的有效方法之一。如棉花育苗移栽技术、大蒜西瓜套作技术等。

3）采用化学调控技术。运用现代的化学调控技术，缩短作物的生育期，缓解生长期不足的矛盾。如乙烯利催熟技术等。

（6）河南主要的复种模式 河南当前主要的一年两熟模式是小麦玉米两熟模式，此外，还有小麦大豆、小麦花生、小麦棉花、小麦水稻、油菜玉米等。

2. 间作与套作

（1）间作与套作的概念 间作与套种是相对于单作而言。

单作，是指同一地块上种植一种农作物的种植方式。这种种植方式农作物种类单一，农作物对环境条件要求一致，生育期比较一致，便于田间统一种植、管理与机械化作业。

间作是指在同一地块同一生长期内，分行或分带相间种植两种或两种以上农作物的种植方式，用"‖"表示。间作时，不论种植的农作物有几种，均不加复种面积，间作农作物的播种期、收获期可能相同，也可能不同。间作是集约利用空间的种植方式。

套作，是指在前季作物后期，在株行间种植或移栽后季农作物的种植方式，又称为套种，用"／"表示。套作是一种集约利用空间和时间的种植方式。

间作与套作都有农作物的共生期，不同的是，间作农作物的共生期超过了其生育期的一半以上，套作的共生期较短。

（2）间作与套作的作用

1）增产。实践证明，合理的间、套作比单作具有增产作用。近年来，我国耕地面积不断减少，而粮、棉、油、菜等农作物产量不断增长，这些均与间、套作技术的采用密切相关。

2）增效。合理的间、套作能够以较少的投入换取较多的经济收入。在河南大面积的麦棉两熟区，一般每公顷纯收益比单作棉田提高 15% 左右，如棉花与瓜、蔬菜、油菜间、套作，有的比单作棉田收入多 2~3 倍。

3）稳产。合理的间、套作能够利用农作物的不同特性，增强对灾害天气的抗逆能力，达到稳产保收。如玉米与谷子间作，干旱年份谷子能够保收，湿润年份可发挥玉米的增产作用，达到玉米、谷子双增收。另外，玉米与大白菜间作能减轻大白菜的病虫害，具有稳产保收的功能。

4）缓解农作物争地的矛盾。间、套作是对土地的集约利用，在一定程度上可以调节粮食作物与棉、油、烟、菜、药、绿肥、饲料等大田农作物及果林之间对温、光、水、肥等环境因素的需求矛盾。

（3）间作与套作的技术要点

1）选配适宜的农作物与品种。为了充分发挥间、套作增产增效的作用，在选配农作物种类及品种时，应坚持如下三条原则：

a. 生态适应性大同小异的原则。在农作物共处期间，选择的各种农作物对大范围的环境条件的适应性要大体相同。如水稻生长需水量大，而花生、甘薯却不能在水浸环境中生长，它们对水分条件的要求不同，不能间、套作。在生态适应性大体相同的前提下，选配的农作物对农田小气候的要求要略有差异。如小麦与豌豆对于氮素，玉米与甘薯对于磷、钾肥，棉花与生姜对于光照等的需求程度均不相同，它们种在一起可以趋利避害，增产增收。

b. 特征特性对应互补的原则。即间、套作的农作物在形态特征和生育特性上相互适应，以利于互补地利用环境资源。如植株高度要高低搭配，株型要紧凑与松散对应，根系要深浅疏密结合，生长期要长短前后交错，喜光与耐阴结合等。广大农民群众形象地把这种结合总结为："一高一矮、一胖一瘦、一圆一尖、一深一浅、一长一短、一早一晚、一阴一阳。"当农作物确定以后，在品种选择上还要注意互相适应。间（混）作时，植株矮的农作物（即矮位）要选择耐阴性强、适当早熟的品种。如玉米和大豆间作，大豆宜选用分枝少或不分枝的亚有限结荚习性的早熟品种；玉米要选择株形紧凑的矮株，叶片较窄而上冲，果穗以上叶片分布较稀疏，抗倒伏的品种。套作时，一方面要考虑尽量减少上茬同下茬农作物之间的矛盾，另一方面还要尽可能发挥套种农作物的增产作用，不影响其正常播种。如麦田套种，小麦应选用株矮、抗倒伏、叶片较窄短且较直立的中早熟品种。麦田套种的下茬农作物品种应采用中熟或中晚熟的品种。

c. 经济效益明显高于单作的原则。间、套作选择的农作物是否合适，在增产的情况下，还要看其经济效益比单作是高还是低。经济效益高的组合才能在生产中大面积推广和应用。

2）建立合理的田间配置。农作物群体在田间的组合、空间分布及其相互关系构成农作物的田间结构。间、套作的田间配置主要包括各种农作物的种植密度、幅宽、间距、带宽等。

a. 种植密度。种植密度是指农作物间的距离。农作物一般按行种植，相邻两行间的距离称行距，同一行相邻植株间的距离称株距。间、套作的农作物种类及生长环境不同，其密度也不尽相同。种植密度的安排是实现间、套作增产增效的关键技术。一般情况下，间、套作中，植株高的农作物，即高位农作物，其种植密度要高于单作，以充分利用改善了的通风透光条件，发挥种植密度的增产潜力，最大限度地提高产量。植株矮的农作物，即矮位农作物，其种植密度较单作略低一些或与单作时相同。实际运用中，各种农作物种植密度还要结合生产目的、土壤肥力等条件具体考虑。当农作物有主次之分时，一般是主农作物的种植密度和田间结构不变，以基本上不影响主农作物的产量为原则；次要农作物的种植密度根据水肥条件而定，水肥条件好，可密一些；反之，就稀一些。

间、套作时，各种农作物的行数用行比表示，即各农作物实际行数的比，如两行玉米间作两行大豆，行比为2:2。间作农作物的行数，要根据计划农作物产量和边际效应来确定。边际效应是指间、套作复合群体中，由于作物边行与内行环境条件的差异，表现出来的植株个体的差异。一般来说，高位农作物表现为边际优势，矮位农作物表现为边际劣势；高位农作物不可多于、矮位农作物不可少于边际效应所影响行数的 2 倍。如棉薯间作时，棉花的边行优势为 1~4 行，甘薯的边行劣势为 1~3 行，那么棉花的行数不应超过 8 行，甘薯的行数不应少于 6 行。高、矮位农作物间、套作，高位农作物的行数要少，幅宽要窄，而矮位农作物的行数要多，幅宽要宽。套作时，下茬农作物的行数仍与农作物的主次密切相关。如小麦套种棉花，以春棉为主时，应按棉花丰产需要，确定平均行距，插入小麦；以小麦为主兼顾夏棉时，小麦应按丰产需要正常播种，麦收前再套种夏棉。

b. 幅宽。幅宽是指间、套作中每种农作物的两个边行相距的宽度。

c. 间距。间距是相邻两种农作物间的距离，是间、套作物边行争夺养分、水分最激烈的地方。间距过大，减少了农作物行数，浪费土地；过小，则水肥供应不足，影响作物长势。具体确定时，可根据两种农作物单作时行距一半之和进行调整。水肥和光照充足时，可适当窄些。相反，则可宽些，以保证农作物的正常生长。生产中，间距一般都偏小。

d. 带宽。带宽是间、套作各种农作物顺序种植一遍所占地面的宽度，包括了间距和幅宽。带宽是间、套作的基本单元，不宜过宽也不宜过窄。带宽的调整取决于农作物品种特性、土壤肥力和农机具。高位农作物占种植计划的比例大，而矮位农作物又不耐阴，两农作物都需要大的幅宽时，采取宽带种植；高位农作物比例小，且矮位农作物又耐阴时，采用窄带种植。高位农作物品种或土壤肥力高时，行距和间距都大，带宽应加宽；反之，缩小。此外，机械化水平高的地区一般采用宽带种植。中型机具作业，带宽要宽；小型机具作业带宽可窄些。

3）农作物生长发育调控

a. 适时播种，保证全苗，促进早发。间、套作秋播农作物时，如果前作成熟过晚，则要采取促早熟措施，不得已晚播时，要适当加大播种量，以保证产量；春播农作物可采取育苗移栽或地膜覆盖，做到保全苗，促早发；夏播农作物生长期短，播种期越早越好，并注意保持土壤墒情，防治地下害虫，保证全苗。

b. 加强水肥管理。在共生期间要早间苗、早补苗、早中耕除草，早追肥，早治虫。前茬农作物收获后，及时追肥，并根据作物生长需要调控水量，以补足共处期间水肥的缺失，保证后收作物的产量和质量。

c. 应用化学调控技术。应用化学调控技术可控制高位农作物生长，促进矮位农作物生长，协调各种农作物的正常发育。

d. 及时采取综合措施防治病虫害。

e. 早熟早收。

（4）河南的间作与套作主要模式　　主要间作模式有玉米大豆间作，还有玉米甘薯间作、棉瓜间作、果粮菜间作等。

主要套作模式有小麦玉米套作、小麦春棉套作、小麦花生套作等。

3. 轮作与连作

（1）轮作与连作的概念　　轮作是指在同一田地上有顺序地轮换种植不同种类农作物的种植方式。如在同一块地里，第一年种大豆，第二年种小麦，第三年种玉米，即一年一熟条件下的大豆→小麦→玉米三年轮作；在一年多熟（作）条件下，轮作由不同的复种方式组成，如油菜－水稻－绿肥－水稻－小麦/棉花。

连作是指在同一田地上连年种植相同种类农作物的种植方式。在同一田地上采用同一种复种方式，也称为连作。

（2）轮作的作用与类型

1）轮作的作用

a. 减轻农作物病虫危害。农作物的某些病虫害是通过土壤传播或感染的，如棉花枯黄萎病、水稻纹枯病、烟草黑胫病、大豆胞囊线虫病，马铃薯青枯病、甘薯黑斑病及危害农作物的地下害虫等。每种病虫对寄主都有一定的选择，实行抗病农作物与感病农作物轮作，更换了病菌、害虫的寄主，恶化其生长环境，从而达到减轻病虫害的目的。

b. 充分利用土壤养分。不同农作物实行轮作，可以全面均衡地利用土壤中各种营养元素，用养结合，维持地力。如禾谷类作物需氮较多，豆科作物能固氮，两者轮作可互补；小麦、甜菜、麻类等农作物只能利用土壤中的易溶性磷，而豆类、十字花科作物及荞麦根系能有效地利用土壤中难溶性磷，它们之间轮作可全面吸收土壤中各种状态的磷；棉花、玉米、大豆等农作物根系较深，而小麦、马铃薯、水稻、甘薯等根系较浅，它们在土壤中摄取养分的范围不一致，可充分利用不同土层中的养分；绿肥和油料农作物的根茎、落叶、饼肥能还田，既用地，又养地，适合与水稻、小麦等需肥多的作物轮作。

c. 减轻田间杂草的危害。某些杂草往往与农作物伴生，如麦田的野燕麦、稻田的稗草、棉田的莎草和看麦娘、大豆田的菟丝子等，长期连作会增加草害，实行合理轮作，可以改变杂草的生存环境，有效地抑制或消灭杂草，如进行水旱轮作，把一些旱地杂草种子淹死，减轻杂草的传播。

d. 改善土壤理化性状。禾谷类农作物有机碳含量多，而豆科农作物、油菜、棉花等农作物有机氮含量较多，不同作物秸秆还田对土壤理化性状产生不同的影响。密植性农作物根系细密，数量多，分布均匀，根系浅，能起到改良土壤结构、疏松耕层的作用；而深根性农作物，对深层土壤有明显的疏松作用。在长年淹水条件下，土壤会出现结构恶化、有毒物质增多的后果，水旱轮作能明显地改善土壤的理化性状。

2）轮作的类型。轮作包括大田农作物轮作、粮菜轮作和粮饲轮作三种类型。随着农业结构的调整，粮菜轮作、粮饲轮作的比例正在增大。河南主要轮作类型有以下几种：

a. 一年一熟轮作。一般种几年粮食作物，种一茬豆科作物或休闲恢复地力，在豆科作物或休闲之后种植主要粮食作物。

b. 粮经作物复种轮作。在生长期较长、劳力充裕、水肥条件较好的地区，实行两年三熟或一年两熟等多种形式。在日照、温度不足的地区，多采用套作复种，并有间、套互补型经济作物或饲料以恢复地力。

c. 绿肥轮作。一般是采用短期绿肥与粮经作物轮作。

（3）连作的危害与防治技术

1）连作的危害。

a. 土壤养分结构失调，有害物质增加。长期连作引起营养物质偏耗，使土壤原有的矿质营养的种类、数量和比例失调；有毒物质大量积累，造成"自毒"或"他感"现象，使根系发育受阻，产量低下，品质降低。

b. 土壤物理结构破坏。某些农作物连作或复种连作，会导致土壤理化性质恶化，肥料利用率下降。

c. 衍生物结构的破坏。长期连作使伴生性和寄生性杂草增加，与农作物争光、争肥、争水；某些专一性的病虫害积累蔓延，如小麦根腐病、玉米黑粉病等；土壤微生物的种群数量和土壤酶活性发生变化，影响土壤的供肥力，造成农作物减产。

2）连作的技术

合理选择连作农作物和品种，并相应采取针对性的技术措施，能有效减轻连作的危害，延长连作年限。

选择耐连作的农作物和品种，根据农作物耐连作程度的不同，可把农作物分为3种类型：

忌连作的农作物。如大豆、豌豆、蚕豆、花生、烟草、西瓜、甜菜、亚麻、黄麻、红麻、向日葵等，这些农作物连作，容易加重土传病害，引起明显减产。生产中，每种一年应间隔 2 ~ 4 年才能再次种植。

耐短期连作的农作物。如豆科绿肥、薯类作物等，这些农作物短期连作，土传病虫害较轻或不明显，可连作 1 ~ 2 年，间隔 1 ~ 2 年。

耐长期连作的农作物，如水稻、麦类、玉米、棉花等，可以连作 3 ~ 4 年或更长时间。除了选择耐连作的农作物外，选用抗病虫的高产品种，也能在一定程度上缓解连作危害。

3）采用先进的农业技术。如用激光和高频电磁波辐射等进行土壤处理，杀死土传病原菌、虫卵及杂草种子；用新型高效低毒农药、除草剂进行土壤处理或农作物残茬处理，可有效减轻病虫草的危害；依靠化肥和施用农家肥，及时补充土壤养分，可使土壤保持作物所需养分的动态平衡；通过合理的灌排水管理，可冲洗土壤有毒物质等。

学习任务二 农作物的生长与环境

一、农作物的生长发育

（一）生长与发育的概念

生长是指作物体积或重量的量变过程，它是通过细胞分裂和伸长完成的，包括作物营养生长和生殖生长。

发育是指作物一生中其结构、机能等的质变过程，它的表现是细胞、组织和器官的分化，最终导致根、茎、叶、花、果实或种子的形成。

作物的生命过程中，生长与发育是不可分割的，两者总是交织在一起进行的。作物生产的目的，有的收获生殖器官，如稻、麦、油菜等；有的收获营养器官，如甘薯、烟草、甘蔗等。作物生长发育要求的环境条件不同，有时差别很大，只要根据生长与发育的关系，通过适当措施调节营养生长与生殖生长，就可以达到提高产量和品质的目的。

（二）种子的萌发

1. 种子的发芽条件

种子发芽出苗要有一定条件，首先是种子本身要有发育完整的胚，并且充分成熟和完成休眠期。在这个基础上，还要给予适当的水分、氧气和温度等条件。

（1）水分 种子贮藏养分的分解和胚的各种生理活动，必须在有水的条件下进行，所以水是种子发芽的先决条件。作物种类不同，萌发需要吸收的水量也不同，如水稻要吸收种子本身重量的40%，小麦要吸收56%，花生要40%～60%。

（2）氧气 种子萌发时需要能量，而能量是通过呼吸作用分解有机物质得来的，故应有氧气。如果土壤水分过多或板结，引起氧气缺乏，就会影响种子正常萌发与出苗。

（3）温度 温度对种子的吸水、呼吸和酶的活动都有重要影响。喜温作物萌发时要求温度较高，耐寒作物萌发时要求温度相对较低。

另外，光照对绝大部分作物种子发芽没有影响，但烟草种子在间歇光照下萌发率较高。

2. 种子的萌发过程

种子萌发分为吸胀、萌动和发芽三个阶段。首先，种子吸水达到饱和，通过酶的活动，使贮藏物质中的淀粉、蛋白质、脂肪分别水解为可溶性糖、氨基酸和甘油脂肪酸等作为萌发的代谢基质。其次，这些物质运输到胚的各部，促进胚的生长。生长最早的是胚根，当胚根突破种皮时，称为"破胸"，即完成萌动阶段。然后，胚继续生长，当禾谷类作物的胚根长度与种子等长，胚芽达种子1/2长时，完成发芽阶段。

在发芽出苗时，根据下胚轴是否伸长，可将作物分为三类：①子叶出土作物。作物出苗时下胚轴伸长，使胚芽及其下的子叶一起伸出土面，如棉花、大豆、油菜等。②子叶留土作物。作物只有上胚轴伸长，子叶在土内，不进行光合作用，如蚕豆、豌豆等。③子叶半留土作物。作物出苗时上、下胚轴均伸长，如播种较深，则子叶不出土；覆土较浅时，则子叶露出土面，如花生。子叶是否出土，是确定播种深度的重要依据。

（三）根的生长

1. 根的功能

作物的根除具有支持和固定植株的作用外，还担负着从土中吸收水分和养分的作用，并且根还是活跃的代谢器官，能合成氨基酸、激素等许多重要的物质。有的根还有贮藏养料和繁殖下一代的作用。

2. 根的形态种类

（1）直根系与须根系　作物地下所有根的部分称为根系。棉花、油菜、大豆、花生等的根系有明显而发达的主根，主根上再长出各级侧根，这种根系称为直根系。绝大多数双子叶作物根系都是直根系。

主根生长缓慢或停止，主要由不定根组成的根系，称为须根系。须根系中各条根的粗细相差不多，呈丛生状态。这是大多数单子叶作物根系的特征。

小麦、玉米、高粱等禾本科作物，在主根形成不久，从胚轴基部发生几条不定根，生产上将不定根和主根统称为"种子根"，其数量的多少取决于作物的种类及栽培条件。在分蘖节上还能继续产生不定根，与种子根构成须根系，扩大吸收面积。

（2）根的变态　作物为适应环境的变化，其器官常会发生变态。这是由其遗传性决定的。作物根的变态，最普通的有气生根、块根、肉质直根等。气生根，如玉米的根，是由茎的基部节上发生的。它斜向伸入土中，发挥着强大的支柱作用，也具有吸收功能。甘薯的块根，甜菜的肉质直根，主要是贮藏营养的器官。

3. 根的生长

作物根的生长点位于根的尖端，是典型的末端分生组织。单子叶作物如稻、麦等，不产生次生结构，所以从小到老，根的粗细基本相似，但多数双子叶作物如棉花、油菜等，根在生长过程中要形成次生结构，因而能使根加粗。

在作物一生中，苗期的根生长最快，其入土深度常超过苗高。当花序形成并开花以后，根的伸长和加粗逐渐变缓，以至停止，但其生理活性仍然很高，以满足地上部分对水分、养分的需求。根系入土深度因作物与土壤条件而异，如麦类在1.5m以上，棉花可达2m以上。

4. 影响根系生长的因素

水分。根系有向水性，根系入土深浅与土壤水分有密切关系。如水田作物根系入土较浅，旱田根系入土较深。土壤极度干旱或水涝，不利于根系生长。为了使根系发育壮大，苗期应控制水分供应，实行蹲苗，使根系向纵深发展，后期则须调节水分，防止早衰。

肥料。根系有趋肥性，在肥料较多的上层中，一般根系也较多。增施磷肥有利于根系生长。

空气。根系有向氧性，大多数作物都要求良好的土壤通气条件。水稻能够生活在水田，是由于有通气组织连接根、茎、叶，使之能正常呼吸。

（四）茎与分枝（蘖）的生长

1. 茎的功能

茎是作物在地上部的骨干，支持着叶片、花及果实合理分布于空间进行光合作用、传粉受精和种子的传播；茎也是水分和养料传递的通道；幼嫩的茎也能进行光合作用；有的作物如甘薯等的茎还能贮存养料和繁殖后代。

2. 茎的形态

茎由节和节间两部分组成。茎上着生叶或枝条的部位称为节，相邻两节之间的部分称为节间。禾谷类作物的节间非常明显，但有些作物的节和节间均不明显，节只是在叶柄着生处略微突起，表面没有特殊的结构。

节上着生枝条。由于枝条伸长的情况不同，影响到节间的长短。节间的长短往往随着枝体的不同部位、作物的种类、生育时期和生长条件而有差异。如玉米、高粱、甘蔗等作物，中部的节间较长，茎下端和顶端的节间较短。水稻、小麦、油菜等，在幼苗期，几个节密集于基部，节间很短；抽穗或抽薹后，节间较长。

3. 茎的类型

茎因其生长习性不同可以分为直立茎、攀缘茎、匍匐茎和缠绕茎等。直立茎明显地背地性生长，茎干垂直于地面，大多数植物茎都属于这种类型；攀缘茎细长而柔软，不能独立，必须借助他物为支柱，才能向上生长；匍匐茎是平卧在地上生长的茎，在茎上生有叶片，在节上形成节根；缠绕茎细弱，借助其他物体才能向上生长，通常缠绕于其他物体上。

4. 分蘖和分枝

禾谷类作物的基部茎节极短，密集于土中近地表处，称分蘖节。分蘖节上着生腋芽，条件适宜时即可萌发形成分蘖。双子叶作物由腋芽发生的侧枝称为分枝。分枝和分蘖的多少，因作物不同而不同。稻、麦的分蘖力强，分蘖对产量构成有重要作用，应加以合理利用；玉米、高粱等分蘖力弱，且多不能形成产量，生产上要及早除去，以使主茎生长健壮；棉花、油菜、豆类等分枝对产量的构成作用很大；而分枝对烟草、麻类作物的产量和品质都不利。

5. 茎的生长

茎的生长依靠顶芽和侧芽的生长锥的生长。生长锥是一群具有强烈分裂能力的分生细胞，由于细胞的不断分裂、伸长和分化，促进茎垂直向上伸长。但是稻、麦等禾谷类作物当幼穗分化以后，生长锥分化为穗，顶端生长便消失，是依靠位于节间基部的居间分生组织的活动，使植株不断增高。所谓拔节，就是地上茎伸长的开始。

（五）叶的生长

1. 叶的功能

叶是作物进行光合作用的主要器官。叶面上有气孔，能使植物体内外的氧和二氧化碳进行交换，同时也通过蒸腾作用把水分散失体外，借以调节体温，提供吸水动力，促进物质的交流。叶片还有吸收功能，生产上常用叶面喷肥。

2. 叶的形态

不同作物叶的形态差别很大。单子叶作物，如小麦的叶由叶片与叶鞘组成。叶狭长，叶脉纵列平行；叶鞘包裹茎秆，有支持和保护茎秆的作用。叶片与叶鞘连接处内侧有一薄膜叫叶舌，能防止水分和病菌侵入；外侧有环叫叶环或叶枕，能调节叶片与茎秆所成的角度。叶舌两侧有一对耳状突起叫叶耳。叶舌及叶耳的有无及特征常是识别谷类作物不同品种的依据。双子叶作物的叶由叶片、叶柄、托叶三部分组成。凡具备这三部分的叶统称完全叶，如棉花；缺少任何一部分的叶称不完全叶，如烟草缺叶柄和托叶。叶片又可分为单叶和复叶。凡一个叶柄只生一叶的叫单叶，如棉花、油菜、甘薯等；凡在叶柄上着生 2 个以上完全独立的小叶的则叫复叶，如大豆、豌豆、马铃薯等。

3. 叶的生长

作物叶的发育是从叶原基的出现开始的。叶的生长有三种方式，即顶端生长、居间生长和边缘生长。首先进行的是顶端生长，叶原基顶端部分的细胞分裂，使整个小叶原基伸长，变为锥形，为叶轴，即为未分化的叶柄和叶片。具有托叶的植物继续分化形成托叶。与此同时，在叶轴的两边各出现一行边缘分生组织。顶端生长停止以后，边缘生长继续，形成扁平的叶片，边缘生长停止的部分形成叶柄。当叶片各部分形成以后，其中的细胞继续进行居间生长，直到叶片成熟。一般叶尖先于叶基部成熟。叶片从展开到停止生长所需要的时间，随植物的种类、品种、着生部位等不同而有明显的差异。

4. 影响叶片生长的主要因素

叶片的分化、伸长和功能期的长短，均受到温、光、水、肥及栽培技术的影响。一般来说，较高的气温对叶片长度和面积增长有利，而较低的气温有利于叶片宽度和厚度的增加。光照强，叶片的宽度、厚度增加，光照弱，则使叶片长度增加。在矿物质营养中，氮肥能促进叶面积增大，但过多会使茎叶徒长。生长前期磷素能促进根系增长并增加叶面积，而后期则会加速叶片老化。钾对叶有双重作用，一是促进叶片面积增大；二是延迟叶片老化。此外，播种期、密植程度、水肥运用等也能改变植株叶片数、叶片面积大小及不同叶层的光合作用和正在生长的器官。

（六）生殖器官的分化发育

1. 花的组成

农作物花的形态、色泽等千差万别，但一朵花的组成基本包括花萼、花冠、雄蕊、雌蕊等。花萼，位于花的外部，由联合或分离的萼片组成，呈绿色，有保护花的作用。花冠，位于花萼之内，由若干联合或分离的花瓣组成，色泽、形态各异。花萼和花冠统称花被。雄蕊着生于花被内部，数目不等，如油菜5枚、大豆10枚、棉花60～90枚。雄蕊，由花药和花丝组成。花药内的花粉囊是产生花粉的器官，花丝细长，有利于传粉。雌蕊，多数作物的花中只有一个雌蕊，它位于花被的中央。雌蕊由柱头、花柱和子房组成。柱头是承接花粉粒的地方，花柱是花粉进入子房的通道。子房膨大、内生胚珠，受精后子房发育成果实，胚珠发育成种子。

2. 花的分化发育

禾谷类作物幼穗分化有的在拔节以前（麦类），有的在拔节以后（粟类），有的在拔节前后（水稻），而穗的分化完成均在孕穗至抽穗期间。它们的分化过程大致可分为以下阶段：生长锥伸长，穗轴节片（麦类）或枝梗（黍类）分化，颖花分化，雄、雌蕊分化，生殖细胞减数分裂形成四分体，胚囊和花粉粒的成熟。

双子叶作物花的组成虽然不同，但生殖器官也是由外向内分化，直至性细胞成熟。分化过程是花萼形成，花冠和雄、雌蕊形成，生殖细胞减数分裂与四分体形成，胚囊和花粉粒成熟。

（七）成熟

农作物的成熟过程包括开花、传粉、受精和结实。

1. 开花

当花粉粒和胚囊成熟时，花萼和花冠张开，使雄、雌蕊露出来，称为开花。

开花习性因作物而不同，一般是主茎先开，分蘖或分枝依次开放。在同一花序上，油菜、棉花、花生等是下部花先开，小麦、大麦等是中部花先开，而水稻、高粱等是上部花先开。作物开花对温度、湿度反应不同，如水稻在上午 7 ~ 8 点时开放，11 点左右最盛，午后渐少；小麦在上午 9 ~ 11 点及下午 3 ~ 5 点有两个高峰。从第一朵花开放到最后一朵花开完为开花期。开花期的长短因作物及品种不同而不同，禾谷类在 10 d 以内，豆类在 15 ~ 70 d，油菜在 25 ~ 50 d。

2. 传粉

花药开裂后，花粉粒通过各种方式传到雌蕊柱头上，这个过程称为传粉。

传粉方式有自花传粉，如稻、麦、大豆、花生等，花粉粒落到同一朵花的柱头上；有异花传粉，如玉米、白菜型油菜等，是不同植株或不同花朵之间的传粉；有常异花传粉，如棉花、蚕豆、甘蓝型油菜等，异交率较高，一般在 5% 以上，高的可达 40%。开花传粉时期，气温、降水及空气湿度与结实率有密切关系，特别是对于异花传粉作物，还应采用人工辅助授粉等措施，以弥补环境条件的影响。

3. 受精

花粉落到柱头上以后，花粉萌发，花粉管由花柱进入胚囊，花粉中的两个精细胞分别与胚囊内的卵细胞和极核相结合形成合子（受精卵）和初生胚乳核。这个双受精过程，多数作物在授粉 24 h 后完成。此后，初生胚乳核细胞增殖发育为胚乳，合子分裂形成幼胚。

4. 结实

禾谷类作物的结实过程：籽粒形成期，幼胚各部发育形成，初具发芽力；乳熟期，以籽粒充满乳白色汁液为特征，是迅速进行以淀粉为主的有机物积累时期。蜡熟期，有机物的积累逐渐减缓，籽粒含水量下降，内容物呈蜡状。完熟期，茎叶大部或全部枯黄，同化作用基本停止，干重达最大值。

以棉花、油菜、花生等无胚乳种子为例，双子叶作物的结实过程为初生胚乳核先开始分裂，然后是合子分裂，分别发育成胚乳和幼胚。但在胚的发育过程中，吸收消耗胚乳的营养物质，使胚乳逐渐消失。胚先形成两片肥大的子叶，再在两片子叶连接处形成胚芽、胚根和胚轴。当胚完全成熟，子叶有机物质的积累和种子干重达最大时，为种子成熟期。

二、环境对作物生长发育的影响

（一）光照对作物生长发育的影响

太阳能是植物生产有机物质的唯一能源。绿色植物吸收太阳光能并通过光合作用将二氧化碳和水合成有机物质，把光能转变为贮存于有机物中的化学能，实现能量的吸收、转换和贮藏。

栽培作物的目的在于获取收获物（即取得作物产量）。据研究，作物产量的95%以上来自光合作用，而来自土壤中的无机盐部分则不足5%。所以说光照强弱与作物生长发育和产量有密切的关系。

1. 光照强度对作物生长发育的影响

光照强度影响作物光合作用的速率。作物对光照强度的要求常用光补偿点和光饱和点表示。夜间没有光照，作物只有呼吸作用而无光合作用，光合强度为负恒；随着光照强度增加使光合强度与呼吸强度达到平衡，此时的光照强度称为光补偿点；光照进一步增强，光合强度也逐步上升，达到一定水平后又趋于稳定，此时的光照强度称为光饱和点。不同作物或同一作物不同生育阶段，以及同一作物不同部位的叶片，其光补偿点和光饱和点是不同的。根据作物对光照强度的需求，可分为喜光作物和耐阴作物。在强光照射条件下，才能正常生长的作物，如水稻、小麦、玉米、棉花等都属于高光作物。一般来说，大多数栽培作物正常生长发育适宜的光照强度为8 000 ~ 12 000 lx。

2. 光质对作物生长发育的影响

太阳辐射主要包括紫外线、可见光和红外线三部分。

紫外线对作物生长有很大的影响，其中波长较长的部分，可刺激作物生长，促进果实成熟，提高产品蛋白质、维生素及糖分的含量；波长较短的部分则能抑制作物体内某些生物激素的形成，从而抑制细胞的伸长。

肉眼可见的光叫可见光，是作物进行光合作用制造有机营养的主要光源。作物吸收最多的光是可见光中的红橙光和蓝紫光，而对黄绿光吸收最少，红橙光有利于碳水化合物的合成，蓝紫光则可促进蛋白质和非碳水化合物的积累。

红外线是热射线，主要产生热效应。它还能促进某些作物种子的萌发和细胞的生长。

（二）温度对作物生长发育的影响

1. 作物生长发育的基点温度

作物在生长发育过程中，对温度的要求一般有最低温度、最适温度和最高温度之分，称为温度三基点。在最适温度范围内，作物的生命活动最强，生长发育速度最快。如果温度达到或超过了作物的最高或最低点，作物的生长发育就会停止，甚至死亡。不同作物或同一作物不同生育阶段的温度三基点不同。如小麦的三基点温度分别是0 ~ 1 ℃、25 ℃、30 ~ 32 ℃，玉米的三基点温度分别是8 ~ 10 ℃、30 ~ 32 ℃、40 ~ 44 ℃。

2. 积温、极端温度对作物生产的影响

积温既是表示热量资源的方法，也是作物对热量要求的一个指标。它表示作物某一生育时期或全生育期要求的温度之总和。例如，棉花早熟品种要求大于 10 ℃的有效积温为 3 000 ~ 3 300 ℃，中熟品种为 3 400 ~ 3 600 ℃，晚熟品种为 3 700 ~ 4 000 ℃。如果了解某地区大于 10 ℃的热量资源情况以及某些作物品种所需的积温，既可确定是否适宜种植和安全播种，也可根据长期气温预报，对当年作物产量做出预测。

作物生育期间，如果出现反常低温或高温（极端温度），就会影响生长发育而降低产量和品质。低温对作物的危害，可分为冷害和霜冻害。冷害是零度以上的低温造成的，因为低温会降低光合强度，影响根系吸收功能，妨碍光合产物的运输，常常造成生长旺盛的器官的损害。如在小麦孕穗抽穗期和晚稻扬花期，低温会使结实率大大降低。霜冻害是指秋季气温急剧下降到零度以下（有的作物降至临界温度），在作物叶面结霜使其受害。轻者仅叶片受害，重者则茎叶停止发育或死亡，减产严重。高温的危害主要是使呼吸作用加强，物质的合成与消耗失调，蒸腾作用加强，植株脱水萎蔫。如果开花期遇到高温，还会引起花粉不育而失去发芽力，甚至使花和果实脱落。

为了预防高温或低温的危害，要根据灾害天气出现情况，首先选用抗热、耐寒作物及品种；其次要因地制宜采取一定措施，躲避灾害，如提前或延后播种，喷洒化学催熟剂提早成熟等。

（三）水分对作物生长发育的影响

水分是光合作用的原料之一，通过蒸腾作用调节体温，维持作物的一定形态，作为新陈代谢介质而加强吸收和物质运输等，这些都是作物生命活动必需的水分，称为作物的生理需水。生态需水是指生命活动过程中为作物创造良好生活环境所需要的水分。如灌水可以提高对肥料的利用，而排水晒田可以控制吸肥，称为以水调肥。此外，由于水的热容量和导热率比空气高，还能以水调温。

1. 作物的需水量和水分临界期

一般根据作物的蒸腾系数来计算作物的需水量。蒸腾系数是指作物生产 1 g 干物质所需水的克数。蒸腾系数低，说明作物对水分的利用比较经济。不同作物的蒸腾系数差异较大。如小麦蒸腾系数为 450 ~ 600，玉米蒸腾系数为 250 ~ 300。

作物需水量还取决于环境特点。气温增高、光照增强、蒸腾加速，需水量增加；大气干燥，促进蒸腾失水，也会增加作物的需水量。

作物在不同的生长发育阶段，对水分的敏感程度不一样。作物对水分最敏感的时期，称为作物水分临界期，这一时期水分过多或不足对产量和品质的影响均最大。

2. 作物的需水规律

从种子萌发、出苗到开花、结实，经过一系列的生理过程，消耗掉大量的水分。苗期，由于植株体积和叶面积较小、生长速度较慢，吸收和蒸腾水分的量均少，耗水量不大。多数作物这一阶段的耗水量仅占生育期总耗水量的20%以下。生育中期即产品器官形成期，是作物生长最旺盛的时期，此期营养生长和生殖生长并进，作物体积和重量迅速增加，生长速度快，叶面积增大，进入高峰期，耗水量最大。多数作物，此期的耗水量，占到全生育期总耗水量的50%～60%。作物开花以后即进入产品器官成熟期，此期作物趋向老熟，植株体积不再增大，随着根系和叶片的衰亡，水分吸收和蒸腾都大大减少，耗水量也逐渐减少。

（四）土壤对作物生长发育的影响

土壤是重要的农业资源，是作物生产发育的基地。作物植根于土壤，从土壤中吸取生长发育所需的养料和水分，作物还需要土壤提供氧气、热量及良好的机械支持。

1. 土壤耕性类型与宜耕期

土壤耕性类型是指耕作时土壤所表现的各种性质，以及在耕作后土壤的生产性能。土壤耕性的好坏，主要表现在以下几个方面：一是耕作的难易程度，即指耕作时产生的阻力大小；二是耕作质量，即指耕作后表现出的状况以及对作物的影响；三是宜耕期，即适于耕作时土壤含水量范围的宽窄。当土壤在宜耕期内进行耕作时，利于提高耕作质量。耕性良好的土壤，耕作阻力小，耕后土壤疏松、土块细碎、地面平整，便于作物出苗、扎根，利于作物生长发育。

2. 土壤酸碱度对作物生长发育的影响

土壤酸碱度常用 pH 表示。不同种类的作物能适应不同的酸碱反应范围。多数作物适宜在中性、弱酸性或弱碱性的土壤中生长发育。几乎没有作物可适于 pH 大于 8 的碱性土壤和小于 5 的酸性土壤。根据作物对土壤酸碱度的反应，玉米、水稻、烟草等作物耐酸较强，向日葵、棉花则较耐碱性。

（五）养分对作物生长发育的影响

作物生产过程中，要从土壤中摄取需要的元素，要求较多的是氮、磷、钾。同时，各种作物对营养元素还具有选择性吸收的特点。如小麦、玉米、棉花、油菜等作物需要较多的氮素营养，而甘薯等则相对耗氮较少，豆类作物则需要较多的钙素。

作物在不同的生育阶段对养分的需要量是不同的。苗期生长缓慢，吸收养分的速度慢，数量少。进入产品器官形成期，吸收养分的数量明显增加。以氮、磷、钾为例，此时期其吸收量占到吸收总量的50%左右。在产品器官成熟期，作物吸收养分的数量则明显下降。

作物一生中，肥料利用率最高，营养效果最好，对提高产量和品质的作用最大的时期，叫营养最高效率期，一般在产品器官形成期。作物在生长发育过程中，还常有一个时期，虽然对某种营养元素的绝对需要量并不多，但很迫切，如缺乏该种营养元素，生长发育就会受到很大影响，以后很难弥补由此造成的损失，这个时期叫作营养临界期。如水稻、小麦的氮素营养临界期在幼穗分化期，棉花在现蕾期，玉米、油菜的磷素营养临界期在5叶期前，水稻的钾素营养临界期在分蘖期和幼穗形成期。

一般来说，作物的营养最高效率期和营养临界期不在同一时期。栽培上，既要注意营养最高效率期的肥料供应，也要注意营养临界期的肥料供应，同时还需兼顾整个生育过程的养分需求，才能真正满足作物对养分的要求。

学习任务三　农作物的产量与品质

一、农作物的产量及产量形成

（一）作物产量的概念

作物产量包括经济产量、光合产量和生物产量。

1. 经济产量

经济产量是指栽培目的所需要的产品收获量。如禾谷类、豆类、油料作物的籽实，薯类作物的块根、块茎，棉花的籽棉，麻类作物的韧皮纤维，甜菜的根，甘蔗的茎，烟草和茶叶的叶片，绿肥作物的茎、叶，饲用玉米的茎、叶、穗等的收获量都属于经济产量。

2. 光合产量

光合产量是指在全生育期中，通过光合作用同化的光合产物及其衍生物的总量，包括整个生育过程中的呼吸消耗和其他的损耗在内。

3. 生物产量

生物产量是指作物在整个生育期中积累的有机物质的总量，通常以整个植株的收获量计算，因根系无法全部回收，所以除产品在地下的作物外，生物产量一般只计地上部分的产量，均不计根系重量，收获前枯落的部分通常也忽略不计。

4. 经济系数

一般情况下，作物的经济产量、光合产量、生物产量三者互相影响，互相联系。以收获物为目的的经济产量仅是生物产量的一部分，是以光合产量和生物产量为基础的。但是，有了较高的光合产量和生物产量，不一定能获得较高的经济产量，还取决于光合产量、生物产量转化为经济产量的效率，这种转化效率称为经济系数或收获指数，即经济产量与生物产量的比值（经济系数 = 经济产量/生物产量）。

经济系数是综合反映作物产量和栽培技术水平的一个通用指标，经济系数越高，说明对有机物的利用越经济，栽培措施应用得当，单位产品的经济效益也就越高。不同作物的经济系数差异很大，这也与作物的利用部分及其化学成分有关。主产品是营养器官的作物，经济系数较高、如薯类作物为 70% ~ 80%。而收获籽实的作物经济系数较低，如水稻为 50% 左右，小麦 30% ~ 40%，玉米 25% ~ 40%，油菜 28% 左右，大豆 30% 左右。另外，经济系数还与收获产品的化学成分有关，如产品组成以碳水化合物为主的作物，经济系数较高，而产品含脂肪、蛋白质较高的作物，经济系数较低。

（二）产量的构成因素及相互关系

作物生产以高产、高效、优质为目的。为了进一步提高产量，必须研究作物产量的构成因素及其相互关系。作物单位面积上的产量（经济产量）是单位面积上各单株产量之和。作物种类不同，其产量构成因素也有所不同。如禾谷类产量构成因素是穗数、穗粒数和粒重；棉花产量构成因素是株数、单株铃数、单铃重及衣分。研究不同作物产量构成因素的形成过程以及影响这些因素的条件，可以采取相应的农业技术措施。

如禾谷类作物单位面积上的产量，决定于单位面积上的穗数、平均穗粒数和平均粒重（常以千粒重表示）三个因素，其关系如下：产量（kg/hm^2） = 每公顷穗数×每穗平均粒数×千粒重（g）/（1 000×1 000）

由上式可见，单位面积上的穗数越多，平均每穗粒数越多，千粒重越大，则产量也越高。但不同品种，或同一品种的不同田块，即使产量相等，三个产量构成因素也可以不一样。有的是穗数较多，有的是每穗粒数较多，有的是千粒重较高，也有时有两个因素较好或三个因素同时发展。以小麦为例，北方高产田的产量构成因素是以多穗为特点的，而南方高产田的穗数较北方少，但每穗粒数多则是构成高产的特点。因此，地区不同、生态和栽培条件不同，各自有不同产量因素的最佳组合。

二、农产品品质及品质形成

（一）农产品品质的概念

优质主要是指农产品自身及其延伸所表现出的优良品质，包括营养品质、加工品质和商业品质三个方面。

营养品质指农产品所含的营养成分，如蛋白质、脂肪、淀粉以及各种维生素、矿物质元素、微量元素等，还包括人体必需的氨基酸、不饱和脂肪酸、支链淀粉与直链淀粉等。加工品质主要指食用品质或适口性。

加工品质不仅与农产品质量有关，而且与加工技术有关。稻米蒸煮后的食味、黏性、软硬、香气等差异，表现为不同的食用品质。面粉可以制成松软、多孔、易于消化的馒头和面包等，这些食品的质量与小麦所含的面筋高低以及系列加工技术均有关系。

商业品质是指农产品的形态、色泽、整齐度、容重、装饰等，也包括是否有化学物质的污染。

（二）农产品品质指标

1. 生化指标

常用的生化指标有蛋白质、氨基酸、脂肪、淀粉、糖分、维生素、矿物质及有害的化学成分含量，如化学农药、有毒重金属的含量等。

2. 物理指标

物理指标指产品的外观形状、大小、味道、香气、颜色、光泽、种皮厚薄、整齐度、纤维长度、纤维强度、破碎程度等。

3. 食用品质指标

食品在蒸、煮、煎、炸与食味等方面的指标。如稻米的直链淀粉与支链淀粉的含量、糊化程度，米粒的黏度、延展性、膨胀性等，都反映了稻米的食用品质。研究证明，硫化物（硫化氢、甲硫醇、二氧化硫等）和羧基化合物（醛、酮类）是决定米饭气味的主要因素。面粉的面筋含量、面筋的延展性则反映了面粉的食用品质。

（三）提高作物产品品质的途径

1. 选用优质品种

随着育种手段的不断改进，品质育种越来越受到重视。粮、棉、油等主要作物的优质品种，有很多得到了推广。如"双低"（低芥酸、低硫代葡萄糖）的杂交油菜品种；高蛋白质、高脂肪的大豆品种；高赖氨酸的玉米品种；抗虫的转基因棉花品种等。这对我国农业走向高产优质起到了推动作用。

2. 采用适宜的栽培技术

（1）合理轮作　是通过改善土壤状况、提高土壤肥力而提高作物产量和品质的。如棉花和大豆轮作，可使棉花产量增加，成熟提早，纤维品质提高；马铃薯和玉米间作，可防止马铃薯病毒病，提高其品质等。

（2）合理密植　作物的群体过大，个体发育不良，可使作物的经济形状变劣，产品品质降低。如小麦群体过大，后期引起倒伏，籽粒空瘪，蛋白质和淀粉含量降低，产量和品质下降。纤维类作物，适当增加密度，能抑制分枝、分蘖的发生，使主茎伸长，对纤维品质的提高有促进作用。

（3）科学施肥 用科学的方法施肥，能增加产量，改善品质。如棉花，适当增施氮肥能使棉铃增重、纤维增长；施磷肥可增加衣分和籽指；施钾肥可提高纤维细度和强度；使用硼、铂、锰等微量元素能促进早熟，提高纤维品级等。对烟草而言，过多施用尿素，会造成植株贪青晚熟、烟叶难以烘烤。所以，要针对不同的作物，合理施用营养元素，提高其品质。

（4）适时灌溉与排水 水分的多少也会影响产品品质。水分过多，会影响根系的发育，尤其对薯类作物的品质极为不利，食味差、不耐贮藏、肉色不佳，甚至会产生腐烂现象。如土壤水分过少，也会使薯皮粗糙，降低产量和品质。

（5）适时收获 小麦要求在蜡熟期收获，到了完熟期蛋白质和淀粉含量均有下降；水稻收获过早，糠层较厚；棉花收获过早或过晚都会降低棉纤维的品质。

3. 提高农产品的加工技术

农产品中的有害物质（单宁、芥酸、棉酚等）可以通过加工的方法降低或剔除。如菜籽油经过氧化处理后，将几种脂肪放不同的油脂调配成"调和油"，极大地改善了菜籽油的品质，将稻谷加工成一种新型的超级糙米，使80%的胚芽保留下来，其品质较一般米优良。另外，在食品中添加人类必需的氨基酸、各种维生素、微量元素等营养成分，制成形、色、味俱佳的食品，大大提高了农产品的营养品质和食用品质。

学习任务四 农作物品种及其在农作物生产中的重要性

一、品种

（一）品种的概念

品种是人类在一定的生态条件和经济条件下，根据人类的需要所选育的某种栽培作物群体；该群体具有相对稳定的遗传特性和生物学、形态学及经济形状的相对一致性，而与同一栽培作物的其他群体在特征、特性上有所区别；在相应地区和耕作条件下种植，在产量、抗性、品质等方面都符合生产发展需要。

（二）品种的属性

作物品种一般都具有五个基本属性：①特异性，指本品种具有一个或多个不同于其他品种的形态、生理等特征。②一致性，指同品种内个体间植株形状和产品主要经济性状的整齐一致。③稳定性，指繁殖或再组成品种时，品种的特异性和一致性能保持不变。④优良性，指品种在产量、品质等方面具有明显的特征。⑤适应性，指品种具有较强的抗病性、抗虫性、抗逆性，能够获得比较稳定的产量。

（三）品种的类型

1. 同型纯合类

同型纯合类（个体纯合、群体同质）。包括：①纯育品种。由遗传背景相同和基因型纯合的一群植物组成，主要是自花授粉植物经系谱法育成的品种。②自交系。其中自花授粉植物的纯育品种可直接用于生产，配合力高的可用于配制杂交品种。异花授粉植物的自交系只在配制杂交品种时使用。

2. 同型杂合类

同型杂合类（个体杂合、群体同质）。包括：①杂交种品种。是指采用遗传上纯合的亲本在控制授粉条件下生产特定组合的一代杂种群体。群体内植株间基因型彼此相同而又高度杂合，所以杂种优势显著。②营养系品种，是由单一优选植株或变异器官无性繁殖而成的品种。该类品种内个体间高度一致，但是在遗传上和杂交种品种一样高度杂合。

3. 异型纯合类

异型纯合类（个体纯合、群体异质）。包括：①杂交合成群体，它是由自花授粉植物两个或两个以上在主要性状上相似的纯系品种杂交后繁育而成的分离的混合群体，是多种基因型的混合群体。它比纯育品种适应能力更强。②多系品种，它是若干个农艺性状表现型基本一致，而抗性基因多样化的相似品系的混合体。其中，多系品种的每个成员每年都要分别繁殖。

4. 异型杂合类

异型杂合类（个体杂合、群体异质）。包括：①自由授粉品种，该品种在生产、繁殖过程中品种内植株间自由传粉，而且难以完全排除和相邻种植的其他品种间的相互传粉，所以群体难免包括一些其他品种的种质。例如，白菜、甜瓜等异花授粉植物的地方品种都属于自由授粉品种。②综合品种，或称异花授粉作物的综合品种，是由异花授粉植物的若干个经济性状配合力良好、彼此相似的家系或自交系在隔离条件下随机交配组成的复杂群体。综合品种无论从个体还是群体来说。遗传都比较复杂，但它们常具有 1～2 个以上代表本品种特征的性状可以识别。综合品种遗传基础较广，对环境常具有较强的适应能力。

二、良种在作物生产中的作用

种子是农业生产中最基本的生产资料，是决定农产品产量和品质的最重要的因素。在农业生产的诸要素中，种子以其具有生命力和在农业生产中特殊的作用而占有不可取代的战略地位。新中国成立以来，在种子工作上取得了很大的成就，培育并推广了41种大田作物的优良品种上万个。主要农作物品种已在全国范围内更新了多次，主要农作物的良种覆盖率已超过90%。全国粮食总产量也由1949年的1 000亿 kg 稳定地增长到目前的近6 000亿 kg。

种子在农业生产发展中的重要作用集中地表现为以下几个方面：

1. 大幅度提高单产和总产

优良品种的基本特征之一是具备丰产性，增产潜力较大。丰产性是一个综合性状，它要求品种在资源环境条件优越时能获得高产，在资源环境条件欠缺时能获得丰产。因此，优良品种的科学使用和合理搭配是大幅度提高单产和总产的根本措施。

2. 改善和提高农产品品质

推广优质品种是提高农产品品质的必由之路。近十几年来，品质育种已取得重大进展，不仅大宗作物如小麦、玉米、水稻、油菜等有了高产优质品种，而且小杂粮（油）作物亦有了高产优质品种。

3. 减轻和避免自然灾害的损失

推广抗病、虫和抗逆能力强的品种，能有效减轻病、虫害和各种自然灾害对作物产量的影响，实现稳产、高产。

4. 有利于耕作改制，促进种植业结构调整，扩大作物栽培区域

热量不足常常制约其他农业资源的高效利用。选择合适的作物种类和品种予以组合，实施间、套种，进行一年多熟收耕作制，可有效提高资源利用率。

5. 促进农业机械化发展，大幅度提高劳动生产率

实现大田作物作业机械化，要求配置适合机械化作业的品种及其种子。

6. 提高农业生产经济效益

在农业增产的诸因素中，选育推广良种是投资少、经济效益高的技术措施。据资料介绍，玉米种子研究工作的投资效益为1∶400，种子在提高农业生产经济效益中的作用由此可见一斑。

学习任务五　农作物生产的主要技术环节

一、土壤耕作技术

土壤耕作是利用农机具的机械力量来改善土壤的耕层结构和地表状况的技术措施。土壤耕作不能增加土壤肥力，主要起调养地力的作用。其主要目的是根据农作物的要求，因地制宜地采取不同措施，为农作物生长发育创造有利的土壤环境，为

防止农作物病虫害、草害的发生及养分的损失创造有利条件，达到农作物高产稳产。土壤耕作包括基本耕作、表土耕作和少耕免耕。

（一）基本耕作

基本耕作又称初级耕作，指入土较深、作用较强烈、能显著改变耕层物理性状、后效较长的一类土壤耕作技术。

1. 翻耕

翻耕的主要工具有铧犁和圆盘犁。作用为翻土、松土、碎土。耕翻后的土壤水分易于挥发，故这项措施不适用于缺水地区。

（1）翻耕方法　一是螺旋形犁壁将垡片翻转 180°的全翻垡。该耕法覆土严密，灭草作用强，但碎土差，消耗动力大，只适合开荒，不适宜熟耕地；二是用熟地型犁壁将垡片翻转 135°的半翻垡，翻后垡片与地面成 45°。该耕法牵引阻力小，翻、碎土兼有，适用于一般耕地；三是分层翻耕，是采用复式犁将耕层上下分层翻转，地面覆盖严密，质量较高。

（2）翻耕时期　一年一熟或两熟地区，在夏、秋季作物收获后以三伏天进行的翻耕——伏耕为主，秋收作物后和秋播作物前以秋耕为主。水田、低洼地、秋收腾地过晚或因水分过多无法及时秋耕的，可进行春耕。但伏耕优于秋耕，早秋耕优于晚秋耕，秋耕优于春耕。

（3）翻耕深度　因农作物和土壤性质而不同。禾谷类作物和薯类作物根系分布浅，棉花、大豆等作物根系分布较深，耕深超过主要根系分布的范围所起作用不大。一般大田翻耕深度，旱地 20～25 cm，水田 15～20 cm 较为适宜。在此范围内，黏质土可适当加深，沙质土宜稍浅。

2. 深松耕

深松耕是以无壁犁、深松铲、凿形铲对耕层进行全田的或间隔的深位松土。耕深可达 25～30 cm，最深为 50 cm。此法分层松耕，不乱土层，适合于干旱、半干旱地区和丘陵地区，以及盐碱土、白浆土地区。

3. 旋耕

采用旋耕机进行。旋耕机上安装犁刀，旋转过程中起切割、打碎、掺和土壤的作用。一次旋耕既能松土，又能碎土，水田、旱田都可使用。旋耕深度一般在10～12 cm，应作为翻耕的补充作业，与翻耕交替应用。

（二）表土耕作

表土耕作也称次级耕作，是在基本耕作基础上采用的入土较浅、作用强度较小的耕作措施，旨在改善 0～10 cm 表土状况的一类土壤耕作技术。

1. 耙地

耙地是指翻耕后、播种前或出苗前、幼苗期所进行的一类表土耕作措施，一般5 cm深。耙地的工具有圆盘耙、钉齿耙、振动耙和缺口耙。圆盘耙应用较广，可用于收获后浅耕灭茬，可深达8～10 cm，在水、旱田上用于翻耕后破碎土块；旱地上用于早春顶凌耙地，耙深5～6 cm。钉齿耙常用于播种后出苗前后，目的在于破除板结土壤，常用于小麦、玉米、大豆的苗期，杀死行间杂草。振动耙主要用于翻耕或深松耕后整地，作业质量好于圆盘耙。缺口耙入土较深，可达12～14 cm。常用缺口耙代替翻耕。

2. 耱地

耱地也称耢地，是一种耙地之后的平土碎土作业。一般作用于表土，深度为3 cm，有碎土、轻压、耱严播种沟、防止透风跑墒等作用。多用于半干旱地区旱地上，也用在干旱地区灌溉地上。多雨地区或土壤潮湿时不能采用。

3. 镇压

镇压具有压紧耕层、压碎土块、平整地面的作用。作用深度3～4 cm，重型镇压器可达9～10 cm。较为理想的镇压器是网型镇压器，可压实耕层，疏松地面，减少水分蒸发，镇压保墒。主要应用于半干旱地区和半湿润地区播种季节较旱时。

4. 做畦

北方水浇地上的小麦做畦，畦长10～50 m，畦宽2～4 m，为播种机宽度的倍数，四周做宽约20 cm、高15 cm的畦埂。做畦于播种前进行，作用是便于田间灌溉和防渍排涝。

5. 起垄

起垄的作用是提高地温、防风排涝、防止表土板结、改善土壤通气性、压埋杂草等。起垄是垄作的一项主要作业，用犁开沟培土而成，垄宽50～70 cm。可边起垄边播种，也可先起垄后移栽。

6. 中耕

中耕是农作物生长过程中进行的表土耕作措施。其作用是疏松表土、破除板结、增温透气、防旱保墒、消除杂草等。中耕的时间和次数应依农作物种类、播期、杂草与土壤状况确定。对生育期长、杂草多、封行晚、土质黏重、盐碱较重及灌溉地，中耕次数要多；反之，则要少。中耕时间要掌握一个"早"字；中耕深度应根据农作物种类、行距、是否培土及农业技术的要求进行。一般农作物幼苗期中耕要浅；中期要深，行距宽、要培土的中耕要深。

中耕在旱地作物生产中应用广泛。深度在10 cm以上的中耕称深中耕，是防止作物徒长的一项有效措施。越冬作物培土，可以提高土温。

（三）少耕与免耕

1. 少耕

少耕是指在常规耕作基础上，尽量减少土壤耕作次数，或全田间隔耕种、减少耕作面积的一类耕作方法。此方法有覆盖残茬、蓄水保墒和防水蚀、风蚀的作用，但在杂草危害严重时，应配合杂草防除措施。

2. 免耕

免耕又称零耕、直接播种，是指农作物播种前不用犁、耙整理土地，直接在茬地上播种，播后及农作物生育期间也不使用农具进行土壤管理的耕作方法。

少耕、免耕的基本做法是：①用生物措施（如秸秆覆盖）代替土壤耕作；②用化学措施及其他新技术代替土壤耕作，如除草剂、杀虫剂等代替中耕等除草作业；③采用先进的机具代替土壤耕作，如用翻耕机代替犁、耙、播种等作业，一机一次完成多项作业，减少机具在田间的来往次数。

少耕、免耕法仍处在不断发展中，它们不仅能减少耕作、保护土壤、节省劳力、降低成本，而且还可争取农时，及时播栽，扩大复种。但是，随着少耕、免耕法的发展，所带来的问题也日渐增多，如耕作表层富化而下层（10~20 cm）贫化，杂草、虫害增多等，有待进一步研究和寻找解决办法。

二、种子的播前处理技术

（一）种子清选

种子纯度、净度、发芽率等方面必须符合相关的国家标准，确保播种质量。一般种子纯度应在96%以上，净度不低于95%，发芽率不低于90%。播种前进行种子清选，清除空瘪粒、虫伤病粒、杂草种子及秸秆碎片等杂物，保证种子纯净、饱满、生命力强，使其发芽整齐一致。常用的方法有筛选、粒选、风选和液体密度选等。

（二）晒种

播种前晒种，可以打破种子休眠，增进种子的活性，提高胚的生活力，增强种皮的透性，也有提高发芽势和发芽率的作用。晒种也能起到一定的杀菌作用。

（三）种子包衣

种子包衣是采用机械和人工的方法，按一定的种、药比例，把种衣剂包在种子表面并迅速固化成一层药膜。种衣剂化学成分分为活性部分和非活性部分，活性部分是对种子和作物起作用的物质，主要有农药、微肥、生长调节剂和微生物等。非活性部分指成膜剂、稳定剂、警戒色料等。包衣后能够达到苗期防病、治虫，促进作物生长，提高产量以及节约用种，减少苗期施药等效果。

（四）浸种催芽

浸种催芽是人为地创造种子萌发最适的水分、温度和氧气条件，促使种子提早发芽，发芽整齐，提高成苗率的方法。浸种时间因作物种类和季节而异。浸种后即行催芽，催芽温度以 25～35 ℃为好。一般应掌握高温破胸、适温长芽和低温炼芽三个过程。浸种催芽在水稻生产上应用广泛。小麦、棉花、玉米、花生、甘薯、烟草等作物有时也采用催芽播种。

三、播种技术

（一）确定播种期

适期播种不仅能保证种子发芽和出苗所需的条件，并且能减轻或避免高温、干旱、阴雨、风霜和病虫害等多种不利因素，达到趋利避害，适时成熟，稳产高产。播种期的确定，要根据品种特性、种植制度、气候条件、病虫草害和自然灾害等几个方面的因素综合考虑。在气候条件中，温度是影响播期的主要因素。

（二）确定播种量

播种量是指在单位面积上播下的种子量。确定适当的播种量是合理密植的前提，是保证个体与群体协调发展的关键。确定播种量时，主要依据单位面积内留苗（株）数和间苗与否，同时结合种子千粒重、发芽率、净度、田间出苗率等计算而得。

（三）采用适宜的播种方式

播种方式是指播下的种子在田间的排列和配置方式。分撒播、条播、点播和精量播种等。

撒播是将种子均匀地撒在畦面，然后覆土，多用于育苗。

条播是在畦面按一定距离播种，种子在土壤内成行分布，或直接用条播机播种。在生产上广泛采用。

点播又称穴播或丛播。按一定行距和株距开穴播种，每穴播种一至数粒种子。

精量播种是在点播的基础上发展起来的经济用种的播种方法，是将单粒种子按一定距离和深度准确地播入土内，获得均匀一致的发芽条件，促进每粒种子发芽，达到苗齐、苗全、苗壮的目的。精量播种和种子包衣配套应用是农作物现代化生产技术的重要措施之一,生产中应加以推广和利用。

(四) 播种深度

播时种子的入土深度为播种深度。种子上的盖土厚度即覆土厚度。播种深度取决于种子大小、顶土力强弱、气候和土壤环境等因素。小麦、玉米、高粱等单子叶作物,顶土能力强,播种可稍深;大豆、棉花、油菜等双子叶作物,子叶大,顶土较难,播种可稍浅。黏土质土壤,墒情好,播种可稍浅。

(五) 育苗移栽

1. 育苗方式

育苗移栽是我国传统的精耕细作栽培方式,它是相对直播而言的。应用育苗移栽,可以争取季节,培育壮苗,节约成本。缺点是移栽费工,根系较浅,易倒伏。常用的有湿润育苗、阳畦育苗、营养钵育苗、旱育苗、无土育苗等方式。

2. 苗床管理

出苗期采用高温条件,促进迅速出苗;幼苗期(出苗至3叶期)一般采取保温、调温;成苗期要进行炼苗,培育壮苗,并注意防治病虫害;移栽前炼苗,施"送嫁肥""起身药"。苗床期还要注意防晴天高温、防大风揭膜、防大雨冲厢;根据需求管好水分,以水调温、调肥;及时间苗、定苗、拔除杂草。

3. 移栽

移栽要根据作物种类、适宜苗龄和茬口等确定适宜的移栽时期。一般适宜的移栽叶龄,棉花为3~4叶,油菜为6~7叶。移栽前要先浇好水,取苗和移栽时不伤根或少伤根。要提高移栽质量,保证移栽密度,栽后要及时施肥浇水,以促进早活棵和幼苗生长。

(六) 查苗补苗、间苗定苗

一般在幼苗出土后要及时进行查苗,如发现有漏播缺苗现象,应立即进行浸种补种或移苗补栽。浸种补种是在田间缺苗较多的情况下采用,移苗补栽是在缺苗较少或缺苗时间较晚情况下的补缺措施。

多数作物的大田播种量以及育苗的播种量,一般都要比最后要求的定苗密度大许多,出苗后必须及时做好间苗、定苗工作。间苗要早,一般在齐苗后立即进行。间苗时要掌握"五去五留",即去密留匀,去小留大,去病留健,去弱留强,去杂留纯。定苗是直播作物在苗期进行的最后一次间苗,按计划株距和每穴留苗数,留大小均匀一致的健壮苗株。

四、施肥技术

施肥是为了培肥土壤和供给作物正常生长发育所需要的营养。合理的施肥应综合考虑作物的营养特性、生长状况、土壤性质、气候条件、肥料性质来确定施肥的数量、时间、次数、方法和各种肥料搭配。

合理的施肥应遵循用养结合的原则、需要的原则和经济的原则，要以有机肥为主，有机肥和化肥相配合，氮、磷、钾三要素配合施用。

施肥包括基肥、种肥和追肥三种。一般在作物施肥总量中，基肥占 50% ~ 80%，种肥占 5% ~ 10%，追肥占 20% ~ 50%。

五、灌溉技术

（一）灌溉

合理灌溉就是按作物的不同生育阶段的需水要求，拟定灌水定额，然后运用正确的灌溉方法与技术，使灌溉水顺畅地分布到田间，做到田间土壤湿润均匀，不发生地面流失或深层渗漏，不破坏土壤结构。常用的灌溉方法有地面灌溉、地下灌溉和喷灌等。微灌是一种新型的节水灌溉工程技术，包括滴灌、微喷灌和涌泉灌。滴灌是利用低压管道系统将水或溶有化肥的水溶液，经过滴头以点滴方式均匀、缓慢地使作物主要根系分布区的土壤含水量经常保持在适宜状态的一种先进灌溉技术。滴灌有省水、省工、省地、增产的效果。

（二）排水

农田排水具有除涝、防渍，防止土壤盐碱化，改良盐碱地、沼泽地等作用。通过调整土壤水分状况调整土壤通气和温湿状况，为作物正常生长、适时播种和田间耕作创造条件。农田排水包括清除地面水、排除耕层土壤中多余的水和降低地下水位。排水常用的方法有明沟排水和暗沟排水等。

六、病虫草害防治技术

农作物在生长过程中，常常由于病虫的危害而遭受重大损失，要做好病虫害防治工作。应贯彻预防为主、综合防治的植保方针，应用农业防治、生物防治、物理防治和化学防治等方法综合防治病虫害，把损失控制在最低限度。

杂草是田间非人工播栽生长的植物。杂草与作物争夺水分、养料，恶化田间光照条件和湿度条件，增加病虫的繁殖与传播，影响作物生长，降低作物产量和品质。杂草具有繁殖较快、生活力顽强和传播迅速的特性。防除杂草的方法很多，有农业除草法，如精选种子、轮作倒茬、水旱轮作、合理耕作等；机械除草法，如机械中耕除草；化学除草法，如使用土壤处理剂和茎叶处理剂等，化学除草具有省工、高效、增产的优点。

七、收获及农产品初加工

（一）收获期

作物生长发育到一定时期后，体内物质特别是收获器官中的淀粉、脂肪、蛋白质和糖类等的积累达到一定的水平，外观上也表现出一定的特征时，即可及时收获。收获过早，种子或产品器官未达生理或工艺成熟期，会使产量和品质降低；收获过迟，不仅影响后作的适时播种，有些作物会造成产量、品质或是工艺加工品质的降低。

1. 种子、果实的收获期

收获种子或果实的作物，其收获适期一般为生理成熟期。禾谷类、棉花、油菜、豆类、花生等作物的生理成熟期为产品成熟期。

2. 以块根、块茎为产品的收获期

甘薯、马铃薯等是收获地下块根、块茎营养器官的作物，由于它们无明显的成熟期，地上茎叶也无明显的成熟标志，故一般以地下贮藏器官膨大基本停止，地上再生新叶生长趋于停止、转黄时收获。同时结合气候、耕作制度和产品用途等，收获期可适当提前或推后。

3. 以茎、叶片为产品的收获期

麻类、烟草、甘蔗等作物的收获产品均为营养器官，其收获适期是以工艺成熟期为指标，而不取决于生理成熟。

（二）收获方法

收获方法因作物种类而异。一般采取以下几种方法：

1. 收割法

对禾谷类及豆类作物，用收割机或人工收割收获。

2. 摘取法

棉花在棉铃吐絮后，分期分批用人工或机械采摘。绿豆收获是根据果荚成熟度，分期、分批采摘，集中脱粒。

3. 掘取法

块根、块茎作物可用收获机械或人工挖掘收获。

（三）初加工

烟草、麻类、红薯、甘蔗等经济作物的产品，在收获后一般需要进行初加工。麻类作物在收获后，应先进行剥制和脱胶等加工处理，然后晒干、分级整理。采收后的烟叶装入烤房后即可进行烘烤，烘烤过程分为变黄、定色、干筋三个阶段，即"三段式"烘烤工艺。这样才能较好地保持烟叶的品质。

八、农产品的贮藏保管技术

（一）种子

干燥禾谷类等作物收获后，应立即进行脱粒，晒干或烘干扬净。棉花必须分级、分晒、分轧，以提高品质、增加经济效益。

（二）薯类

薯类主要以食用为主。鲜薯保鲜要注意三个环节：一是在收、运、贮过程中要尽量避免损伤破皮；二是在入窖前要严格选择，剔除有病、虫或机械损伤的鲜薯；三是加强贮藏期间的管理，特别要注意调节温度、湿度和通风。

知识链接一：2020 年中国粮食的需求

中国 2013 年全国粮食总产量首次突破 6 亿 t 大关。中国不但成功解决了 13 亿人民的吃饭问题，也为全球粮食安全做出了重大的贡献。到 2020 年，中国人口总量将达到 14.1 亿人，城镇化率达到 60% 以上。全面建成小康社会对中国粮食需求总量、粮食食品种类都提出更高要求，粮食消费结构和城乡居民饮食习惯也将发生转变。随着居民生活水平的提高，中国的粮食需求将进一步从数量型向质量型转变。

中国农业部总经济师钱克明预测 2020 年我国粮食总需求约 7.2 亿 t，最大产能约 6.5 亿 t。但为了给调结构、转方式、保生态留出空间，"十三五"可将粮食年产量保持在 6.1 亿 t 水平，不足部分通过进口补充，2020 年粮食（含大豆）自给率可保持在 85% 左右。同时，要做到"四保"：一要保三大谷物。稻米和小麦自给率要保持在 95% 以上，玉米自给率要保持在 90% 左右，确保"口粮绝对安全，谷物基本自给"。二要保生产能力。严格保护耕地，提升耕地质量，加大基础设施投资，提高科技创新水平。三要保产业安全。在消化目前库存压力的基础上，每年新增进口粮食要控制在1 100万t以内，2020年进口粮食总量应控制在1.1亿t左右，防止进口冲击。四要保进口安全。适当分散进口，加快农业走出去步伐，增加"权益产能"。实现上述目标，需要从以下几个方面做工作：

优化产业结构，提高农业效益。一要优化种养结构，增加动物性产品供应，逐步实现粮草兼顾、农牧结合、循环发展。二要完善现代农业产业体系，推动产加销衔接、一二三产融合。三要调整农业生产力布局，推动区域布局再平衡，减少原料和产品的往返运输，降低成本，减少碳足迹。

转变发展方式，促进农业可持续发展。一是推广节约型农业技术，实现化肥、农药使用数量零增长，提高水资源利用效率。二是全面推进标准化，提高农产品质量安全水平。三是构建新型经营体系，提高竞争力。

调整政策目标，完善支持调控方式。政策导向是鼓励农民加大投入，支持方向要实现"两个转变"，即引导生产方式向更加节水、节肥、节药、优质、安全、生态、高效的可持续方向转变，引导经营方式向规模化、标准化、专业化、品牌化、组织化、信息化的现代农业方向转变，培养农民形成"资源节约型、环境友好型、经营智慧型"生产经营方式。同时，要深化农产品价格形成机制改革，完善市场调控体系；深化农业农村改革，为现代农业发展提供良好的政策和制度保障。

知识链接二：农民专业合作社和家庭农场设置试验田

随着农民专业合作社和家庭农场的种植规模的发展，设置作物品种试验田的需求与条件已经具备。

农民专业合作社和家庭农场作为未来农业生产与组织框架，其建设的好坏，直接影响到中国农业生产，尤其是粮食安全问题。当农民专业合作社或家庭农场的规模达到一定规模，比如50 hm^{2}以上，就可以规划建设自己的小试验田，满足农民专业合作社或家庭农场内部的品种选择或繁育的需求。

设置试验田，减少了盲目引进的风险，也提高了相关技术的训练。显然，设置相应的试验田是一项投资小、效益高的发展措施。

思考与练习

1. 为什么说农作物布局在农业生产上具有重要的意义？
2. 举例描述当地主要的农作物种植种类。
3. 设计一个农民专业合作社的农作物的生产布局。

模 块 二
小麦

【学习目标】

1. 了解河南小麦的生态区划、小麦的种植模式、生产布局、产量构成要素、品种等基本知识。

2. 掌握小麦的生长发育特点、逆境因子应对措施、不同生育期的管理关键及病虫害防治技术。

3. 熟悉超高产小麦、强筋小麦、弱筋小麦的生产技术要点。

小麦是中国第三大粮食作物。2013 年，中国小麦播种面积 2 400 多万 hm^2，占中国粮食作物播种面积的 21.5%。河南省小麦播种面积 540 多万 hm^2，占全国小麦播种面积的 22% 以上，占全国粮食播种面积的 4.8%。2013 年中国小麦总产量 12 193 万 t，河南省总产量 3 226 万 t，占全国小麦总产量的 26.5%，且小麦单产高于全国平均水平。可见，小麦生产占据了河南省农作物生产重中之重的地位。

学习任务一　河南小麦生产概况

一、河南小麦的地位

小麦是河南省的主要粮食作物，在河南省粮食生产中占有重要地位。新中国成立 60 多年来，河南省小麦年总产量由 1949 年的 254 万 t 增长到 2013 年的 3 226 万 t，增加了 12.7 倍；平均单产由 645 kg/hm^2 增长到 5 998.5 kg/hm^2，增加了 9.3 倍。自 2003 年以来实现了十二连增，为国家粮食安全做出了巨大贡献。

二、河南小麦生态区划

根据生态因素、经济因素和技术因素等方面的差异，把全省划分成五个麦区。

Ⅰ区：豫北及豫中东部黄淮海平原半干旱半湿润气候强筋中筋麦适宜区。

Ⅱ区：淮北平原南阳盆地半湿润气候中筋麦适宜、强筋麦次适宜区。

Ⅲ区：淮南丘陵温热湿润气候弱筋中筋麦低产变中产区。

Ⅳ区：豫西黄土、红土丘陵旱地强筋中筋麦低产变中产区。

Ⅴ区：伏牛山、太行山地麦区。

三、河南小麦的种植模式

河南省人口多，人均耕地少，但光热资源丰富，大部分地区可以实行一年两熟或两年三熟制。发展以小麦为主的与其他作物相配置的轮作和间、混、套作，可以保证小麦生产优势的充分发挥，并促进秋粮全面增产。

目前和未来小麦轮作倒茬的趋势以小麦和各种夏种作物的一个两熟换茬作为主导模式，两年三熟等其他模式则居次位。

1. 小麦－玉米（大豆）换茬轮作

小麦－玉米换茬轮作是目前河南省小麦轮作倒茬的主导模式，这种轮作模式主要在豫北、豫中和豫东平原以及伊河、洛河、唐河、白河等河川谷地机械化程度较高的高水肥地区。

小麦－大豆换茬轮作，适合于地力瘠薄的农田，由于根瘤菌的共生固氮作用，有很好的养地性，有利于形成土地的用养结合、持续增产和农田生态系统的良性循环。

2. 小麦－花生轮作

主要分布在豫东北平原，以黄河故道沙滩地为主。主要轮作方式有春花生－小麦→小麦－大豆（绿豆）和小麦－夏花生→小麦－玉米等。

3. 小麦－油料作物换茬轮作

小麦－大豆→油菜－芝麻轮作，主要分布在淮北平原。这种轮作方式经济效益高，同时能够使麦、豆、油并举，用地养地相结合。

4. 小麦－水稻换茬轮作

这种方式主要集中在信阳地区、沿黄灌区及南阳盆地的丹江、鸭河灌区等地。

5. 小麦－棉花换茬轮作

小麦－棉花轮作的主要方式有小麦－夏玉米（2～3年）→小麦/棉花（2～3年）→春棉等。这种模式主要分布在河南省北部、东部和南阳盆地的粮棉高产地区。

四、河南小麦生产中存在的问题及小麦生产方式发展的趋势

虽然河南省小麦生产取得了很大的成绩，但也存在着一些不容忽视的问题：一是全省自然条件和生产条件差异大，不同地区之间产量发展不平衡；二是自然灾害多，局部危害大；三是小麦生产成本高，比较效益低；四是生产规模小，经营方式分散；五是多元化的推广和服务体系没有形成。为适应现代农业发展的需要，河南省小麦生产发展方式将呈现一系列明显的转变：

（一）政策支持力度及着重点的转变

1. 政策支持力度要加大
国家将下大力气改造中低产田，对农民的种粮补贴力度会进一步加大，尤其是补贴额度的增加要高于生产资料价格上涨的幅度。

2. 补贴方式的转变
补贴方式将向生产的关键技术环节倾斜，择优统一供种方式。

（二）农户种植经营规模的转变

由于千家万户分散经营投入成本高，管理难度大，生产标准难于统一，产出的小麦品质差异较大，且比较效益低，所以在国家法律和政策范围内，土地将向种粮大户、种粮能手和种粮专业合作社集中，进行规模化经营。

（三）劳动投入方式的转变

为了适应农村"打工经济"的形势，劳动投入方式由劳动密集型向机械化生产转变。农艺农机融合的精益生产成为主流生产方式，由高投入、高产出、低收益向合理投入、高产出、高效益转变。

五、河南小麦生长发育特点及逆境因子分析

（一）河南小麦生长发育特点

河南省小麦种植期间，秋季温度适宜，冬季少严寒、雨雪稀少，春季气温回升快、日照充足，入夏气温偏高等生态条件，使河南小麦具有分蘖期长、幼穗分化期长、籽粒灌浆期短的"两长一短"生长发育的基本特点。

1. 分蘖期长
河南小麦播种至成熟一般为 230 d 左右，半冬性小麦品种 10 月上、中旬播种，11 月上中旬开始分蘖，冬前形成分蘖高峰，越冬期不停止生长，至春季 2 月中旬

仍有分蘖发生。小麦分蘖时间长达 100 d 左右，与北部和南部冬麦区相比，分蘖时期偏长，有利于增加分蘖成穗，促使高成穗群体的形成。

2. 幼穗分化期长

河南省小麦幼穗分化开始早，延续时间长，幼穗分化从 11 月中旬幼穗原基分化至翌年 4 月上旬四分体结束，历时 160 ~ 170 d，约占小麦全生育期的 2/3，比北京小麦长 40 ~ 50 d，比南方小麦长 60 ~ 70 d。幼穗分化时间长有利于促穗大粒多，能充分发挥大穗型品种的穗部生产潜力。

3. 籽粒灌浆期短

小麦籽粒灌浆期从 4 月下旬开始至 5 月底或 6 月初小麦成熟，历时 35 ~ 40 d，占全生育期的 18% ~ 20%，而欧洲小麦灌浆期长达 50 ~ 60 d，我国山东半岛小麦灌浆期 45 d 以上，青藏高原多于 50d。河南省 5 月气温急剧上升，多种病虫害并发，多数年份易遭受干热风、雨后青枯和干旱等自然灾害影响，常导致小麦粒重变化较大，对产量造成威胁。5 月的气候变化是影响河南小麦产量的一个重要因素。

（二）河南小麦生长逆境因子分析及应对措施

河南省处于北亚热带和暖温带气候过渡地区，气候具有明显的过渡性特征。总体来讲，在小麦生长季内，光能、热量和水分资源较为丰富，农业资源潜力较大。但由于受地貌和季风的影响，气候资源的区域差异较大，威胁冬小麦生长的农业灾害也较为频繁而严重，主要有干旱、干热风、低温、风雹、渍害等。

1. 干旱灾害

小麦干旱灾害是指由于土壤干旱或大气干旱，小麦根系从土壤中吸收到的水分难以补偿蒸腾的消耗，使植株体内水分收支平衡失调，引起小麦生育异常乃至萎蔫死亡，并最终导致减产和品质降低的现象。干旱是河南省小麦生产中的主要农业气象灾害，每年都有不同程度的旱情发生，成为小麦生产的重要限制因子。干旱的主要原因是自然降水少。

（1）干旱灾害的季节性　河南省小麦的旱害主要有春旱、夏伏旱和秋旱。春季全省降水量偏少，空气干燥，加上气温回升迅速，风多，蒸发作用加强，易发生春旱灾害。黄河以北地区春旱频率最高、程度最重。初夏正值小麦灌浆成熟之际，气温高、降水少，难以满足小麦对水分的需求，而出现夏伏旱。秋季河南全省降水明显减少，造成土壤缺水而出现秋旱。秋旱造成底墒水不足，麦播质量差，缺苗断垄严重，不利于土壤保水和冬小麦安全越冬。

（2）干旱灾害的防御

1）播前浇好底墒水。小麦播种前，如果 0 ~ 100 cm 土壤相对湿度低于 80%，则应灌底墒水。

2）坚持播前深耕。放弃整地只旋耕而深耕的做法，坚持播前深耕，深度应达30 cm。

3）坚持秸秆还田，增施有机肥，改善土壤结构。

4）及时灌溉。小麦生长期间，当有旱情苗头出现时，及时测定土壤湿度，当100 cm 土壤相对湿度平均值小于如下数值时应及时进行灌溉：分蘖—越冬 60%，返青—起身 55%，拔节—抽穗 60%，抽穗—乳熟 65%。一次灌溉量为 45 ~ 60 m³ 或田间持水量的 90%。

2. 干热风灾害

干热风是指小麦生育后期出现的一种高温、低湿并伴有一定风力的农业气象灾害。干热风是一种复合灾害，包括高温、低湿和风三个主导因子。干热风是我国北方小麦生产上的重大农业气象灾害之一，多发生在 5 ~ 7 月，以 5 月下旬至 6 月上旬为干热风发生最集中的时段，这时正值小麦抽穗、扬花、灌浆之际，轻者灌浆速度下降，粒重降低；重者提前枯死，麦粒瘦瘪，严重减产。

（1）干热风的类型   河南干热风活动主要有两种类型：一是高温低湿型，主要出现在小麦开花、灌浆期间。干热风发生时温度猛升达 30 ℃以上，空气相对湿度降到 30% 以下，风力在 3 ~ 4 m/s 以上。二是雨后枯熟型。这类干热风的特点是雨后出现高温低湿天气，即在高温天气里，先有一次降水过程，雨后猛晴，温度骤升，湿度剧降，也有时在长期连续阴雨后出现上述高温低湿天气，造成小麦青枯死亡。雨后枯熟型干热风指标为：小麦成熟前 10 d 以内，有 1 次小雨过程，降水量 5 ~ 10 mm，雨后猛晴，3 d 内有 1 d 以上日最高气温在 30 ℃以上，相对湿度较低，风速 3 m/s，即为一个雨后青枯日。

（2）干热风灾害的防御   干热风灾害的主要措施有：

1）植树造林，加强农田林网化，改善农田小气候，减轻干热风危害。

2）适时浇足灌浆水，酌情浇好麦黄水。干热风发生前浇足灌浆水，可适当降低植株体温，增加小麦株间湿度，能够有效减轻干热风的危害。对于高肥水麦田，浇麦黄水易引起减产，这类麦田只要在小麦灌浆期没下透雨，就应在小雨后把水浇足，以免再浇麦黄水；而对于保水力差的地块，当土壤水分亏缺时，可在麦收前 8 ~ 10 d 浇一次麦黄水。根据天气预报，若浇后 2 ~ 3 d 可能出现 5 级以上大风时，则不要进行灌溉。

3）喷施防干热风制剂。在小麦孕穗、抽穗和灌浆期，各喷施一次 0.2% ~ 0.4% 的磷酸二氢钾水溶液，每次 750 ~ 1 000 kg/hm²。所要注意的是该溶液不能与碱性化学药剂混合使用。

3. 低温灾害

小麦的低温灾害主要是指冻害、冷害、霜冻害。低温灾害是仅次于干旱的一种自然灾害。

冻害是小麦越冬及越冬期间的低温灾害，特点是低温绝对值低，一般越冬时突然降温温差在 12 ℃以上，绝对温度在 -5 ℃以下才可能形成冻害。黄淮麦区冻害的发生绝大多数是品种或播种期选择不当或耕作整地质量太差所致。

霜冻害是指小麦处于旺盛生长（起身拔节）阶段的低温灾害，其气候特点是前期升温快，冷空气来时降温幅度大，最低气温在 0 ℃以下，地面最低气温在 -3 ℃即可造成拔节前后小麦的霜冻害。晚霜冻害由于时间短，来得突然，不易有针对性地预防，只有通过各个方面的前期干预培育壮苗应对。当晚霜发生后，对重霜冻的中低产麦田及时追施氮、磷、钾肥，并浇透水；高产麦田只浇透水，促进潜在蘖的萌发和生长。

冷害是气温高于 0 ℃，植株体温短时在 0 ℃以下的一种低温灾害，冷害一般对小麦不会直接产生危害症状。

4. 风雹灾害

小麦风雹灾害是指由于大风和冰雹天气过程造成小麦减产的自然灾害，均发生在小麦生长的中后期。前者主要造成小麦倒伏，影响光合作用而间接减产，一般面积较大，其危害程度不仅与风力大小有关，同时与小麦栽培措施、小麦生长发育状况和时期有关；后者主要是冰雹砸伤植株、砸落籽粒而造成间接和直接损失，一般面积较小，危害程度主要决定于冰雹的程度，严重时绝收。

（1）对因风雹灾发生倒伏的应对措施　一是不要采取人工扶起来的办法，让小麦依靠自身的能力站起来。二是注意收割环节尽量减少损失，如果采用机械收获，收割机要逆倒伏方向行进，结合人工辅助整理收获。

（2）对雹灾的处置　要根据冰雹发生的早晚、对小麦危害的程度、采取补救措施的经济价值，综合评判是救是弃，还是顺其自然。

5. 渍害

小麦渍害指根系密集层土壤含水量过大对小麦生长造成的危害。在任何一个时期都可能发生，是淮南稻茬小麦生产中最常见的灾害。

麦田渍害的形成，根本原因是耕作层土壤水分含量过多，根系长期缺氧造成的危害，因此防治的根本是降低耕作层土壤含水量，增加土壤透气性。一切有利于排除地面水，降低地下水，减少潜层水，促使土壤水气协调的做法都是防止小麦渍害的有效措施。

六、河南小麦不同生育时期的管理关键与管理目标

河南小麦生长不仅具有"两长一短"的发育特点，而且在生长发育过程中不断地发生着量和质的变化，形成并出现不同的器官。根据小麦生长发育过程中器官出现的先后顺序，一般把小麦的生长发育过程划分为不同的生育期和生育时期。

（一）小麦的生育期和生育时期

生产上通常把小麦从出苗（或播种）至成熟所经历的天数称为小麦的生育期。河南省主栽品种是春性和半冬性品种，生育期一般为 200~220 d。依据小麦生长发育过程中一系列形态和生理上的变化，划分为 12 个生育时期，各生育时期界定标准如下：

1. 出苗期

主茎第一片叶露出胚芽鞘 2 cm 的日期。

2. 三叶期

田间 50% 以上的麦苗主茎节第三片叶伸出 2 cm 的日期。

3. 分蘖期

田间有 50% 以上的麦苗第一个分蘖露出叶鞘 2 cm 的日期。

4. 越冬期

日平均气温稳定降至 2~4℃，麦苗基本停止生长时的日期。

5. 返青期

春季气温回升，麦苗叶片由青紫色转为鲜绿色，部分心叶露出叶鞘的日期。

6. 起身期

麦苗由匍匐状开始挺立，主茎第一叶叶鞘拉长并和年前最后叶叶耳距相差 1.5 cm 左右，基部第一节间开始伸长，但尚未伸出地面的日期。

7. 拔节期

全田 50% 以上植株茎部第一节间达到 1.5~2 cm 的日期。

8. 孕穗期（挑旗）

全田 50% 分蘖旗叶叶片全部展开，旗叶叶鞘包着的幼穗明显膨大的日期。

9. 抽穗期

全田 50% 以上麦穗（不包括麦芒）露出 1/2 旗叶叶鞘的日期。

10. 开花期

全田 50% 以上麦穗中上部小花开放，花药露出散粉的日期。

11. 乳熟期（灌浆期）

籽粒开始沉积淀粉、胚乳呈炼乳状，约在开花后 10 d 左右，为乳熟期。

12. 成熟期

胚乳呈蜡状，籽粒开始变硬时为成熟期，此时为最适收获期。接着籽粒很快变硬，为完熟期。

（二）不同生育时期的管理关键与管理目标

在小麦生长发育过程中，应及时预测各时期苗情及群体的发展动向，围绕不同阶段的管理目标，在"简化、节约、提高生产效率"的原则指导下，突出重点地及时管理。

根据小麦生长发育进程，可将麦田管理划分为前期、中期和后期三个阶段。

1. 前期管理

前期是指从种子萌发出苗到越冬期。包括出苗期、3叶期、分蘖期和越冬期4个生育时期。

前期是长根、长叶、长分蘖等；生长中心以营养生长为主。其中，冬前分蘖是决定穗数的关键。管理的主攻目标：一是全苗、匀苗、苗壮；二是冬前促根增蘖，实现冬前壮苗；三是安全越冬。

冬前壮苗的标准：一是苗龄适宜，春性品种主茎6叶1心，半冬性品种7叶或7叶1心；二是分蘖多，春性品种单株4~5个分蘖，半冬性品种6~7个分蘖，每公顷总头数900万~1 050万，3叶蘖占一半以上；三是根系发达，单株次生根10条以上，叶色正绿，不过浓不过黄；四是长相敦实，株高20~25 cm，一般不超过27 cm。

前期管理技术主要有：

（1）查苗补种、疏苗补栽　麦苗出土以后，要及早检查，如有缺苗断垄10 cm以上的，均应在2叶期前浸种催芽，及时补种。对浇蒙头水或播后遇雨的板结麦田，应中耕破除板结。

（2）适时冬灌　冬灌要适时适量，冬灌时间掌握在平均气温下降到3℃左右时浇完为好。农谚"不冻不消，灌溉过早；只冻不消，灌溉晚了；夜冻昼消，灌溉正好"，对无分蘖或分蘖过少的麦田，可以不灌，以免造成冻害。

（3）病虫防治与化学除草　随着气温的回升，要注意对纹枯病和红蜘蛛、蚜虫的监测与防治及晚播小麦的化学除草。地下害虫防治方法是进行种子或土壤处理。

另外，严禁放牧啃青。

2. 中期管理

小麦从起身至抽穗为生长中期阶段，包括返青期、起身期、拔节期和挑旗（孕穗）期四个生育时期。此期，茎、叶、节间、根等营养器官迅速生长并建成，大小分蘖经两极分化至抽穗前单位面积穗数趋于稳定，是决定穗数、穗粒数，为粒重奠定基础的关键时期。这一阶段小麦生长发育快，需水肥量最多，对肥水最为敏感，是麦田管理的重心阶段。

栽培管理目标是：根据苗情类型，适时、适量地运用水肥管理措施，协调地上部与地下部、营养器官与生殖器官、群体与个体的生长关系，促进分蘖两极分化，创造合理的群体结构，实现秆壮、穗齐、穗大，为后期生长奠定良好基础。

春季麦苗生长差异很大，春季麦苗返青后，要及时诊断苗情，根据苗情，分类管理。

（1）壮苗　壮苗春季返青早，叶色青绿，叶大不披，长相健壮，次生根在20条以上，群体适宜，越冬前3叶以上的大蘖数已接近或达到计划成穗指标。管理上应控制春生分蘖，做到保蘖增穗、促花增粒，于起身期或起身后的小花分化期再运用肥水进行管理。如果麦苗偏旺，可通过深中耕断根或镇压控制，促进麦苗两极分化，待出现"空心"蘖时，再施肥稳促。对壮苗追肥浇水，不应过早，也不能过晚，以免引起田间郁闭，贪青晚熟，导致减产。

（2）旺苗　旺苗生长猛，群体大，根系弱，各器官之间发育不协调，春蘖多，叶色墨绿，拔节速度快，叶片下披，封垄早，通风透光不良，越冬前3叶以上大蘖数明显高于计划成穗指标。管理上应以控为主，不施返青肥，不浇返青水，深中耕断根、散墒。或拔节前喷施矮壮素、镇压，加速两极分化。施肥浇水可放到拔节后第2节长度固定时进行。对播种早、播量大、施肥多、冬前旺、冻害严重的麦田，可提早追肥浇水，并中耕增温，争取多起头，少撇头。拔节后酌情浇水追肥，促花增粒。

（3）弱苗　弱苗分蘖大小不齐，叶片数较少，叶片窄小，叶色淡，生长慢，群体小，越冬前3叶以上大蘖数明显低于计划成穗指标，或播种过早，分蘖过多，年前较旺，返青后叶片发黄，有脱肥现象。对这类麦田中期管理应以促为主，同时，对不同情况下形成的弱苗应区别对待。如对薄地、未施肥、墒情差的麦田，下部叶片枯黄的弱苗，应早用水肥。对肥地、冬前已追过肥、墒情好、苗龄小的晚播弱苗，应早中耕促早发，追肥浇水推迟在起身后进行。对肥力高、播种早、播量大、群体大、个体弱的假旺苗，应尽早疏苗，而后追肥中耕。对盐碱地麦苗，当叶尖发紫时，及时浇水压盐，防止死苗。各种类型的弱苗，一般均应把握不同情况，追肥浇水，促蘖增穗，提高产量。拔节时，各类弱苗一般都要追肥浇水。

该时期主要的害虫有麦蚜、小麦螨等，主要病害是白粉病、锈病、纹枯病等，防治的主要方法是化学防治。

3. **后期管理**

小麦从抽穗到成熟为生长后期，此阶段一般在4月中下旬到6月初前后。此时小麦的营养生长结束，进入以生殖生长为主的阶段，集中表现在籽粒形成和发育，是产量形成的最后时期。小麦籽粒中的营养物质主要来源于后期的光合产物。因此，小麦生长后期管理的目标是：保持根系活力，延长地上部叶片功能期，防叶片早衰和青枯，提高灌浆强度，争取粒饱、粒重，是田间管理的主要任务。

（1）合理灌溉 此阶段河南往往降水偏少，甚至有干热风危害"青干逼熟"现象，须合理灌溉。后期灌水对防止早衰、促进籽粒充分灌浆、增加粒重有显著作用。灌水时间、数量因地制宜，以保持土壤田间最大持水量的70%～80%为宜。值得注意的是，后期灌溉不宜太晚，在开花后10 d左右为宜。要避免浇麦黄水，麦黄水会降低小麦品质与粒重。灌水时应注意天气变化，掌握小水轻浇，速灌速排，畦面不积水，干热风到来之前灌好，有风不灌，雨前停灌，避免灌后遇雨造成倒伏。

（2）叶面施肥 为延长叶片功能期和根系活力、防止早衰、抗干热风、促进灌浆，提高粒重，开花至灌浆初期，喷施2%（1 kg尿素兑水50 kg）左右的尿素溶液或2%～4%的过磷酸钙溶液、0.2%～0.3%磷酸二氢钾溶液，每公顷喷750～900 kg，有一定增产效果。高产田喷磷、钾较好，一般大田喷氮素效果较好。近年来生产上结合后期病虫防治喷施生长调节剂也起到一定增加粒重的作用。

（3）防倒伏 农谚有"麦倒一把草，谷倒一把糠"。小麦倒伏一般发生在拔节之后，倒伏越早对产量影响越大，如抽穗开花前倒伏，可减产30%～50%；灌浆期倒伏，一般减产20%以上。小麦倒伏除因品种抗倒力差、不良环境条件的影响外，栽培措施不当也是一个主要原因。防止倒伏的措施主要有以下几方面：

1）选用抗倒品种。一般茎秆较短而粗壮、叶片挺立或上冲的品种，抗倒力较强。高产田要选株高85 cm左右为宜。

2）打好播种基础。一增施有机肥料，并增施磷、钾肥；二加深耕层，精细整地；三提倡精量播种，合理密植；四提高播种质量，达到匀苗、全苗。

3）控制合理群体。我国北方冬小麦区，高产麦田的群体指标是每公顷基本苗225万左右，冬前总茎数900万～1 200万，春季最高茎数1 500万左右，成穗600万～700万。叶面积系数拔节期4～5，孕穗期6～8为宜。

4）科学用肥。要增施磷肥，控制氮肥，补施钾肥，调整氮、磷比例。高产麦田氮素化肥每公顷用量，纯氮不宜超过225 kg，氮、磷比以1:（0.7～0.8）为宜。

5）控旺转壮。对群体过大的旺苗，在起身、拔节期要采取措施，转化苗情，控旺转壮。其转化措施有控制水肥、喷多效唑或矮壮素、深中耕断根、镇压等。

4. 防治病虫害

小麦生长后期主要的虫害有黏虫、蚜虫、吸浆虫等，主要病害有白粉病、锈病、赤霉病等。病虫危害导致千粒重下降，产量降低。

吸浆虫的防治技术：小麦抽穗期，是防治吸浆虫危害的关键时期，每公顷用10%吡虫啉可湿性粉剂150～250 g兑水200～300 kg进行喷雾，可取得良好效果。

赤霉病的防治技术：于扬花初期，使用相应农药，可以起到良好的预防作用。

如每公顷用50%的多菌灵可湿性粉剂1 000～1 500 g，或80%的多菌灵粉剂750 g，兑水750～1 000 kg喷雾。

为达到病虫干热风的综合防治，后期应搞好"一喷三防"，即在4月底至5月初，使用相应农药再配以叶面肥，可以达到综合防治穗蚜、白粉病、锈病和叶枯病、青枯等效果。

5. 适时收获和贮藏

（1）收获　小麦籽粒成熟阶段籽粒含水量迅速下降，根据其含水量的多少，一般分为蜡熟期、完熟期和枯熟期。

1）蜡熟期。又称"黄熟期"，此期籽粒颜色接近本品种固有色泽；体积因失水而进一步缩小，含水量降至22%～20%；胚乳呈蜡状；粒重达最大值；植株茎叶和穗部变黄。是人工收割的最佳时期。

2）完熟期。籽粒含水量降至16%～14%，胚乳变硬，用指甲挤掐不变形（俗称"硬仁"）；植株完全转黄。完熟期是联合收割机收获的最佳时期。

3）枯熟期。也称过熟期。此时植株完全焦枯、根死，穗颈容易折断，颖壳松的品种遇大风会自然落粒，如遇阴雨天气，一般白粒品种还易出现"穗发芽"现象。因此，应合理安排收获期，最好在枯熟期之前结束收获。

河南省最近几年小麦收获已基本全部使用联合收割机，这种收获方法在田间一次完成收割、脱粒和清选工序。完熟期是小麦联合收割的最佳时期，此期收获的优点是有利于收割与脱粒。留种用的小麦一般也在完熟期收获，这样的种子发芽率最高。

（2）小麦贮藏　小麦收获脱粒后，应晒干扬净，待种子含水量降至12.5%以下时，才能进仓贮藏。一般在日光暴晒后趁热进仓，能促进麦粒的生理后熟和杀死麦粒中尚未晒死的害虫。在贮藏期间要注意防湿、防热、防虫，经常进行检查，以保证安全贮藏。

学习任务二　河南高产及超高产小麦生产技术

小麦高产是指产量在7 500 kg/hm² 以上，小麦超高产是指产量在9 500 kg/hm² 以上。超高产栽培是指在一般高产栽培常规技术基础上，物资投入略有增加，关键措施做到及时、准确、精细、完善，达到精准栽培。近年来，在国家粮食丰产科技工程项目实施过程中，不少地方尤其是河南省进行了小麦超高产(9 500 kg/hm²)攻关试验，创造了小麦连续多年高产纪录，对小麦持续稳定增产具有重要意义。现根据河南省已有超高产田块的技术措施和有关高产栽培生理方面的研究报道，总结出小麦超高产栽培的几项关键技术。

一、选用高产潜力品种，建立合理群体结构和产量结构

在影响小麦产量增长的各因素中，品种作用占 35% ~ 40%。因此，要达到理想的产量水平，必须首先选择具有高产潜力的品种。选择河南超高产品种，种子包衣，实行统一供种、统一规划布局，集中连片种植。

在选好品种的同时，还应建立合理群体结构，以协调好群体发展与个体发育矛盾，解决小麦开花至成熟阶段的干物质生产、运转、分配及生育后期早衰的矛盾。河南省的超高产实践表明，有两类品种以不同的产量结构获得超高产栽培，一是成穗率高的多穗型品种，这类品种达到 10 000 kg/hm² 的产量，其群体结构应为：基本苗 180 万 ~ 210 万/hm²，冬前总茎数为计划穗数的 2.8 倍左右，春季最大总茎数为计划穗数的 2 ~ 3 倍，穗数 650 万 ~ 750 万/hm²，每穗粒数 40 ~ 42 粒，千粒重 42 ~ 45 g。二是分蘖成穗率较低的大穗型品种。这类品种达到 1 000 kg/hm² 的产量，其群体结构应为：基本苗 200 万 ~ 230 万/hm²，冬前总茎数为计划穗数的 2.3 倍左右，春季最大总茎数为计划穗数的 2.5 ~ 3 倍，穗数 450 万 ~ 500 万/hm²，每穗粒数 45 ~ 47 粒，千粒重 48 ~ 52 g。

从产量三因素构成来看，高密度、大籽粒、中穗型是超高产小麦品种的主要特征。

二、优化播种基础

（1）选择土壤肥力较高、土层深厚、土壤结构良好的地块　土壤速效养分含量丰富，才能持续均衡地供给养分，保证小麦生长期内不脱肥、不早衰，正常成熟。高产攻关试验表明，超高产田土质以中壤为最好，2 m 土层内没有过沙、过黏的层次。土壤肥力指标是：土壤有机质含量达到 1.3% 以上，碱解氮 90 mg/kg 以上，速效磷 27 mg/kg 以上，速效钾 110 mg/kg 以上。土质过于黏重的地块，适耕期短、坷垃多，难以达到苗齐、苗匀；土质偏沙的地块，保水保肥力差，后期供肥水能力不足，也不易获得超高产的目标。土壤团粒结构良好，水、肥、气、热的状况才协调稳定，能为小麦正常生长提供良好的条件。

（2）增施有机肥，平衡施肥　超高产田的施肥原则是：一是增施有机肥，有机肥、无机肥配合使用；二是要氮、磷、钾配方施用；三是氮肥施用上底肥与追肥各占 50%，以延缓高产田后期衰老。

要达到产量在 9 000 kg/hm² 的超高产目标，每公顷施肥总量为：有机肥 3 000 ~ 5 000 kg，化肥折纯氮（N）16 ~ 20 kg，磷（P_2O_5）10 ~ 12 kg，钾（K_2O）7.5 ~ 10 kg。其中全部有机肥、氮的 50%，全部磷肥、钾的 70% 作基肥随翻耕施入地下，余下 30% 的钾肥施于畦面，50% 的氮肥在拔节期追施。

（3）精细整地　采用机耕，深耕细作，足墒下种。耕深 23～25 cm，不漏耕，耕耙配套，无明暗坷垃；平整后做畦，以便浇水。播前墒前不足时，应造墒播种，杜绝灌蒙头水。

三、提高播种技术，实现苗全、苗匀

（一）适期播种，培育冬前壮苗

超高产试验表明，日平均气温下降到 16℃左右，是小麦最佳播种时期，河南一般在 10 月 7～12 日。

（二）精播、半精量播种，建立合理群体结构

播种量应该以保证实现一定数量的基本苗数、冬前分蘖数、年后最大分蘖数以及单位面积穗数为原则。基本苗是创建合理群体的基础，按照品种的分蘖成穗特性，确定适宜的基本苗，是建立合理群体结构、充分发挥品种的增产潜力夺取高产的关键。精播的播种量要求基本苗数为 150 万～180 万/hm²。冬前总分蘖数（包括主茎）为计划穗数的 1.2～1.5 倍。中穗型品种在 600 万穗/hm² 左右，范围 480～550 万穗/hm²；多穗型品种，穗数 750 万穗/hm² 左右。

（三）提高播种质量，实现苗全苗匀

提高小麦播种质量，要在精细整地的基础上，把握好两个方面：一是播种前进行种子精选，采用种衣剂包衣；二是使用精播机或半精播机播种，播种时，精确调整播种量，严格掌握播种深度 3～5 cm，要求播量精确，行距一致，下种均匀，深浅一致，不漏播，地头地边播种整齐。

苗全、苗匀是小麦群体在田间的有序分布。提高植株分布均匀度，是提高群体光能利用率的一项主要措施，也是提高麦田群体质量的基础。缺苗断垄已成为超高产麦田实现产量指标的一个重要限制因素。

四、科学田间管理

（一）冬前管理

冬前管理要因苗进行。出苗不匀时，要在植株开始分蘖前后进行疏苗、匀苗，以培育壮苗。

对遇到异常暖秋或暖冬气候，麦苗发生旺长或超过合理群体时，应及时采取镇

压、深锄断根（7~10 cm）或喷施壮丰安（4.5~6 L/hm²，兑水4 000~6 000 kg喷雾）控制旺长。

浇好越冬水。一般在11月底至12月上旬日平均气温下降到5℃浇越冬水，不施冬肥。浇好越冬水，有利于预防小麦发生冻害，同时有利于越冬后早春保持较好的墒情，以推迟春季第一次肥水管理。

（二）返青期管理

1. 划锄松土

高产及超高产田，小麦返青、起身期应控制肥水，主要措施是人工划锄，要求划锄1~2遍，达到保墒、增温、除草的目的，促进麦苗早返青、早生长。

2. 起身期化控防倒伏

在小麦起身期选用壮丰安、多效唑、矮壮素等均匀喷雾，控制小麦生长，控制基部节间徒长，防止后期倒伏。

3. 化学除草

可选用2，4-滴丁酯、二甲四氯水剂等除草剂，注意合理、正确施用。

（三）起身至拔节期管理

1. 拔节期视苗情合理运筹肥水

起身、拔节期是小麦生长发育的关键时期。此时视苗情合理运筹肥水，为提高小麦高产打下良好基础。

超高产田地力好，苗情长势壮，春季第一次肥水管理的时间推迟到拔节中后期（倒2叶露尖至挑旗期），河南省中北部半冬性品种大约在3月15日至4月上旬；对成穗率较低的大穗型品种，春季第一次肥水管理的时间应在拔节中前期（倒3叶露尖至倒2叶露尖期），利于提高分蘖成穗率。拔节期追施氮肥，即氮肥后移，防止后期群体过大，是小麦超高产田肥料管理的关键技术。追肥数量尿素一般为300 kg/hm²。

超高产田水分管理，根据土壤墒情，若只灌一次水，以拔节至挑旗期效果最好；若灌两次水，以拔节期和扬花期为好。

2. 喷施生长调节剂，防止倒伏

超高产麦田，地力过高和前期施肥过量是引起倒伏的重要原因之一。管理上除推迟浇水施肥时间、氮肥后移外，此期喷施多效唑、矮壮素等控制小麦生长，达到矮化株高，防止倒伏的目的。

3. 病虫害防治

此期是小麦全蚀病、纹枯病、根腐病等根病和丛矮病、黄矮病等病毒病的又一次侵染扩展高峰期，也是危害盛期，应加强综合防治。

（四）抽穗至灌浆期管理

1. 浇好开花水和灌浆水

小麦挑旗期至开花期是小麦需水临界期，各类麦田均应保证小麦挑旗期有充足的水分供应，土壤墒情不足时应适时浇水。开花灌浆期浇水，应视土壤墒情灵活掌握，一般在开花后 15～20 d。此期要注意防止倒伏，这是超高产栽培的关键。

2. 搞好病虫防治和叶面喷肥

抽穗扬花期是小麦多种病虫害发生时期，坚持"预防为主、综合防治"的方针，科学制订防控预案，做好示范片病虫草害监测与预报，开展病虫害统防统治，提高专业化水平。重点做好小麦纹枯病、白粉病、锈病、赤霉病、蚜虫、红蜘蛛、吸浆虫等病虫害的防治。重点在 5 月上旬搞好防病虫、防早衰、防干热风的"一喷三防"工作。每公顷用磷酸二氢钾 3 kg 和适宜的农药加水混合喷雾，最好做到统一防治。

五、适时收获

小麦高产最适宜的收获期是蜡熟末期，此时品质也最好。蜡熟末期的长相为植株叶片枯黄、茎秆尚有弹性、籽粒颜色接近本品种固有光泽。

学习任务三　优质强筋、弱筋小麦生产技术要点

一、小麦籽粒的品质

小麦籽粒品质可分为营养品质和加工品质两方面。营养品质主要指所含的营养物质对人营养需要的适合性和满足程度，包括营养成分的多少，各种营养成分是否全面和平衡。小麦的营养品质的要指蛋白质含量及其氨基酸组成的平衡程度。小麦加工品质可分为一次加工品质（即磨粉品质）和二次加工品质（食品加工品质）。磨粉品质指籽粒在碾磨为面粉过程中，品质对磨粉工艺所提出的要求的适应性和满足程度，籽粒容重、硬度、出粉率、灰分、面粉白度等为主要指标。食品加工品质指它对某种特定最终用途的适合性，如其面粉是适合做面包或是面条、饼干等，主要以面粉的吸水率、面筋含量、面团稳定时间等为主要指标，以此决定其为强筋粉、中筋粉还是弱筋粉。

根据小麦加工品质的不同，我国专用小麦主要分为三类，一是强筋小麦，指籽粒硬质（角质率≥70%），蛋白质含量高，面筋强度强，延伸性好，适于生产面包粉以及搭配生产其他专用粉的小麦，主要在北方冬麦区种植；强筋小麦品质指标见

表 2－1。二是弱筋小麦，指籽粒软质（粉质率≥70%），蛋白质含量低，面筋强度弱，延伸性较好，面团稳定时间短，适于制作饼干、糕点等食品的小麦，沿江、江淮地区具有弱筋小麦生长发育所必需的土、温、光、水等资源条件，是国家农产品区域布局规划中的弱筋小麦优势产区。弱筋小麦品质指标见表 2－2。三是中筋小麦，指籽粒硬质或半硬质，蛋白质含量和面筋强度中等，延伸性好，适于制作面条或馒头的小麦。

表 2－1 强筋小麦品质指标（GB/T 17892—1999）

项目			指标	
			一等	二等
籽粒	容重，g/L≥		750	
	水分，% ≤		12.5	
	不完善粒,% ≤		6.0	
	杂质,%	总量≤	1.0	
		矿物质≤	0.5	
	色泽，气味		正常	
	降落数值，s≥		300	
	粗蛋白质，（干基)%≥		15.0	14.0
面粉	湿面筋，%（14%水分）≥		35.0	32.0
	面团稳定时间，min≥		10.0	7.0
	烘焙品质评分值≥		80	

表 2－2 弱筋小麦品质指标（GB/T 17893—1999）

项目			指标
籽粒	容重，g/L≥		750
	水分，% ≤		12.5
	不完善粒,% ≤		6.0
	杂质,%	总量≤	1.0
		矿物质≤	0.5
	色泽，气味		正常
	降落数值，s≥		300
	粗蛋白质，（干基)% ≤		11.5
面粉	湿面筋,%（14%水分）≤		22.0
	面团稳定时间，min≤		2.5

二、强筋小麦高产优质生产技术要点

优质强筋小麦的生产技术要求在保证强筋小麦品质特性的基础上，即在保证籽粒蛋白质含量高、湿面筋含量高、面团稳定时间长、容重高、出粉率高等品质特性的基础上，提高产量和效益，达到优质高产高效的目的。其生产技术应围绕品质指标和高产高效两方面来制定，为此，须突出抓好以下关键技术：

（一）选用优质高产的强筋小麦品种

小麦的品质特性和产量特性是其遗传基础决定的，栽培措施对其有重要的影响。要生产高质量的强筋小麦，首先要选用优质高产的强筋小麦品种。近几年来，河南省主要产麦区已选育出一批优质强筋小麦品种，半冬性品种。各地结合当地生态、生产条件，选用适宜品种。

（二）选择适宜种植区域及土壤类型

强筋小麦适宜在不湿不干地区种植。根据小麦品质生态区划，河南省范围内，以黄河以北及豫西地区最为适宜。强筋小麦的主要品质指标由北向南逐渐降低。在豫中、豫南部发展强筋小麦更要注意优质生产技术，才能保证强筋小麦的品质。

强筋小麦需要种植在土体深厚的中壤土、重壤土上。按土壤类型划分，强筋小麦适宜种植在潮土类的两合土（中壤土）、淤土（重壤土），褐土类的潮褐土、典型褐土（中壤），砂姜黑土以及典型黄褐土等。其他质地较轻的土壤，如沙壤土、沙土上种植强筋小麦要加大施肥量，特别应加大后期施氮量。

（三）精细整地、足墒播种

提高整地质量，做到深耕深翻，加深耕层，打破犁地层；耕耙配套，达到无架空暗垡，上松下实，增强土壤蓄水保墒能力，使底墒充足，为提高播种质量打好基础。

（四）科学合理施肥，培肥地力，强化中后期追氮

强筋小麦生产要求较高土壤肥力和良好土肥水条件。土壤肥力应达到 0 ~ 20 cm 土壤有机质 1.2% 以上，全氮 0.08% 以上，速效氮 80 mg/kg 以上，有效磷 25 mg/kg 以上，速效钾 100 mg/kg 以上，有效硫 16 mg/kg。为此需增施肥料，培肥地力，充分满足小麦优质高产对养分的需求，是实现小麦优质高产的一项主要措施。但若施肥品种、数量和方法不当，往往会造成不良后果。因此，应测土配方施肥。在测土配方施肥的基础上，以施底肥为主，追肥为辅。基肥以有机肥为主，化肥为辅。

1. 重施有机肥

综合各地优质小麦生产的经验，一般产量每公顷 7 500 kg 以上的优质高产麦田，需施有机肥 45~75 t/hm² 或腐熟鸡粪 15 t/hm²，全部作为基肥施入。

2. 合理配方施肥，强化中后期追氮

增施氮、磷、钾、锌、硫等化肥，并进行配方施肥，以保证营养元素供需平衡。

（1）合理施用氮肥　合理施肥主要指合理的施用量、适宜的施用时期及不同时期的施用比例。在一定施氮量范畴内，随施氮量的增加，小麦产量提高，品质改善。但当施氮量超过一定限度后，再增加施氮量往往造成生长发育不良，导致减产。根据各地的实践，产量 7 500 kg/hm² 以上的地力条件下，要求施纯氮 200~240 kg/hm²。氮肥基、追肥比例，在一般肥力的麦田，一般要求基施占 1/2，拔节期追施占 1/2；在高肥力的麦田，基肥占 1/3，拔节期再追施 2/3。

优质强筋小麦强调中后期追氮。大量试验表明，小麦拔节期至孕穗期追氮肥对强筋小麦的产量和品质均具有良好效应。全生育期总氮量的分配应当是：基氮∶拔节期追氮∶孕穗期追氮 =3∶5∶2，称为"前轻中重后补充"技术；也可以采用基氮∶拔节期追氮 =5∶5 的施氮技术；在基础肥力较低时，也可采用基氮∶拔节期追氮 =6∶4 的施氮技术。

（2）合理施用磷肥　随着氮肥用量和产量水平的不断提高，增施磷肥增产效果越来越明显。在产量 7 500 kg/hm² 以上地力条件下，施五氧化二磷 100~150 kg/hm²，一般全部作为基肥施入，最好是将 70% 的磷肥于耕地前作为基肥施入，30% 的磷肥于耕后撒于垡头，再耙平，以利于苗期吸收。

（3）合理施用钾肥　一般产量 7 500 kg/hm² 的地力条件下，需施氧化钾 120 kg/hm²，一般全作为基肥施入，对于高肥力麦田，基肥占 1/2，拔节期追施 1/2。后期可结合"一喷三防"叶面喷施磷酸二氢钾。

（4）增施硫肥及其他微肥　一般认为土壤有效硫含量低于 10~16 mg/kg 时，小麦有可能缺硫，土壤缺硫的临界值为 12 mg/kg。强筋小麦适宜施硫量为 60 kg/hm²。锌的临界指标为 0.6 mg/kg，硼的临界指标为 0.5 mg/kg，钼的临界指标为 0.15~0.2 mg/kg。当土壤中上述元素达不到临界指标时，应合理增施硫酸锌、硼砂、钼酸铵等。可作为基肥或种肥或叶面肥施用。

（五）适当控制灌水，强调水肥配合

大量研究表明，适当的水分胁迫有利于提高强筋小麦品质，水氮配合能促使产量与品质的同步提高。

在河南省中北部地区，正常年份，在充足底墒基础上，强筋小麦在拔节期一次灌水并追氮肥可达到产量与品质的同步提高。如果中后期干旱严重，可在拔节期与扬花期2次浇水并追氮肥，扬花期只灌水不追氮肥，可提高产量，但主要品质指标明显下降。

（六）适期适量播种，适当控制冬前群体

在小麦高产栽培的适宜播期、播量范围内，对小麦品质的影响不大。晚播可以提高籽粒蛋白质和湿面含量，但产量明显下降。在不影响产量的条件下，按适期播种的下限确定播期为宜；播量对品质的影响远小于产量，强筋小麦的播种量，仍按高产栽培适量播种的下限确定播量，以便控制冬前群体不太大，有利于春季追肥浇水，减少化控措施。

（七）减少用药，适时用药，防治病虫害

病虫危害不仅影响产量，而且影响品质。如纹枯病危害使蛋白质含量和面包烘烤品质下降，白粉病危害使蛋白质含量下降，蚜虫危害使籽粒蛋白质、湿面筋含量显著下降，面团稳定时间显著缩短。因此，应从土壤处理、种子包衣及田间化学防治等环节，加强病虫害防治。强筋小麦的用药种类、用药时间、次数等技术，一般认为在小麦扬花期喷施1次三唑酮或多菌灵、施特灵等药物，对小麦品质影响不大；如果喷施3次，对面团特性有不良影响。同时，喷药时间不宜过晚，应当在扬花初期以前喷施1次混合药物，达到综合防治的效果。而在生育后期蚜虫发生量达到防治指标时要及时防治。

（八）适期收获

强筋小麦的收获期和晾晒过程对品质有重要影响，收获期偏早和偏晚都会导致强筋小麦产量和品质下降，尤其是收获期遇雨将导致籽粒角质率明显下降。强筋小麦的最佳收获期是蜡熟末期至完熟初期。收获前要进行田间去杂，提高商品粮纯度。提倡用联合收割机统一收获，秸秆还田。收获后要及时分品种晾晒，安全贮藏。

三、弱筋小麦高产优质生产技术要点

弱筋小麦由于籽粒低蛋白质含量和面粉低湿面筋含量及面团稳定时间短的特殊性，决定其生产技术体系不同于强筋小麦和中筋小麦。

（一）选用适合当地生态条件和生产条件的优良品种

应选择适宜当地种植的弱筋小麦品种。

（二）选择适宜的种植区域和适宜的土壤类型

根据农业部小麦品质区划研究，河南省弱筋麦适宜种区为：信阳市全部，南阳市的桐柏、唐河、邓州，驻马店的确山、正阳、泌阳等县的南部；在沿黄原阳稻区，亦可种植。

适宜的土壤为沙土、沙壤土以及壤质黄褐土、水稻土。要求土壤有机质含量在1% 左右，全氮 0.1% 左右，速效磷 20 mg/kg、速效钾 100 mg/kg。

（三）合理配方施肥，适当控氮增磷，减少中后期追氮

弱筋小麦生产在施足有机肥（腐熟的有机肥 30t）的基础上，增施磷、钾、锌肥，适当降低氮肥施用量，并减少生育中后期施氮比例。增加磷肥及钾肥施用量，并提高钾肥追施比例。

大量试验表明，增加施氮量，弱筋小麦的蛋白质、湿面筋含量增加，面团品质变劣，磷肥对提高弱筋小麦品质和产量都有良好作用。兼顾产量和品质宜施氮量为180～210 kg/hm²，施磷量为 150 kg/hm² 以上，施钾量为 150 kg/hm²。氮、磷、钾配比以 1:（0.6～0.8）:（0.7～0.8）为宜。

对于肥料的运筹尤其是氮肥的运筹与强筋小麦有明显的不同。弱筋小麦提倡氮肥全部底施，即"一炮轰"，或基肥:拔节肥 =7:3；追肥时期不迟于拔节期。钾肥基追比为 5:5或 7:3，磷肥全部作为基肥施入。在小麦灌浆后喷两次磷酸二氢钾，可使产量和品质同步提高。

（四）加强中后期灌水

弱筋小麦一生都要求充足的水分供应。在足墒播种基础上，应在小麦返青至拔节期浇 1～2 水，干旱年份要浇足灌浆水，保证灌浆期土壤含水量达到田间持水量的 70%～75%。对于豫南雨水充足地区，在小麦生育后期还要注意及时排水，防止渍害。

（五）及时防治病虫害

弱筋小麦种植区雨水多、空气湿度大，病虫害发生一般较重，必须加强防治。首先加强土壤处理和选用包衣种子；其次加强早春纹枯病和抽穗后的白粉病、锈病及蚜虫的防治，一般可用三唑酮喷施。

另外，适当增加播量，有利于弱筋小麦品质的改善。

66

知识链接一：全国 BNS 杂交小麦现场观摩及学术研讨会在河南召开

2015 年 5 月 14 日，由杂交小麦产业技术创新联盟（杂交小麦产业技术创新联盟是在科技部和相关单位的大力支持下，由河南科技学院、中国种子集团有限公司（简称中种集团）、中国农村技术开发中心、北京市农林科学院、中种杂交小麦种业有限公司等 20 家单位共同发起成立）和 BNS 型杂交小麦全国联合攻关协作组（2006 年由河南科技学院、中国农业大学等多家研究机构组成）主办，河南科技学院校承办的"全国 BNS 杂交小麦现场观摩及学术研讨会"在新乡召开。

中国工程院院士程顺和，中种集团、科技部农村技术开发中心、河南省农业厅、河南科技学院等 20 余个单位代表，以及创新联盟和攻关组的专家 60 余人参加了观摩会。与会专家分别到新乡市杂交小麦千亩示范基地和济源市杂交小麦制种基地、示范基地观摩，察看了杂交小麦在不同区域不同环境下的生长态势。座谈会上，与会专家对茹振钢教授培育的 BNS 型杂交小麦给予较高评价，对 BNS 型杂交小麦新品种尽快进入品种审定程序寄予厚望。与会专家还就杂交小麦新品种审定以及杂交小麦产业化发展现状和发展趋势等问题展开热烈讨论，并对杂交小麦在育种和生产中可能出现的问题等进行了深入探讨和交流。

在联盟单位的共同努力下，我国杂交小麦科学研究与产业开发取得了快速发展，得到了社会各界的大力支持和广泛关注。随着联盟的壮大及产业发展需要，联盟把促进产学研用更为紧密的结合、在原创共性技术创新和产业化方面实现良性互动作为工作重点，加快杂交小麦的大规模产业化应用，不断提升我国杂交小麦种业的国内国际竞争力。

知识链接二：超高产小麦典型实例

2012 年嵩县农业部门对该县万亩示范田测产验收，平均单产达到 617.5 kg/亩，产量三因素分别为：穗数 46.7 万，穗粒数 34.5 粒，千粒重 45.17 g。其中百亩攻关田产量达到 671.3 kg/亩时，其产量三因素为：单位面积穗数 49.2 万，穗粒数 33.9 粒，千粒重 47.35 g。

2009 年 6 月 7 日，由河南农业大学国家小麦工程技术研究中心和鹤壁市农业科学院等单位领导、专家组成的专家组，对设在鹤壁淇滨区钜桥镇的百亩高产攻关田小麦现场实打验收，平均单产达每亩 751.9 kg；万亩核心试验区小麦平均单产每亩 690.6 kg，创我国万亩小麦产量最高纪录。

思考与练习

1. 家庭农场种植小麦的适宜规模是多大？
2. 当前小麦生产的难点是什么？

模 块 三
玉 米

【学习目标】

　　1. 了解河南玉米的种植模式、产量构成要素等基本知识以及河南玉米生产中存在的问题。

　　2. 掌握玉米的生长发育特点、逆境因子应对措施，不同生育期的管理关键及病虫害防治技术。

　　3. 熟悉超高产玉米、旱地玉米、饲用玉米、高赖氨酸玉米、甜玉米等的生产技术要点。

　　玉米已经成为中国第一大粮食作物。2013 年，中国玉米播种面积 3 600 多万 hm^2，占中国粮食作物播种面积的 32.4%。河南玉米播种面积 320 多万 hm^2，占全国玉米播种面积的 8.8% 以上，占全国粮食播种面积的 2.9%。

　　2013 年中国玉米总产量 21 849 万 t，河南总产量 1 797 万 t，占全国玉米总产量的 8.2%。玉米单产低于全国平均水平。然而，玉米依然占据了河南农作物生产中的重要地位。

学习任务一　河南玉米生产概况

一、河南玉米的地位

　　玉米在河南省种植有四百多年的历史，河南是全国重要的玉米生产基地。玉米具有较高的经济价值和广泛的经济用途。

（一）高产作物且潜力大

　　玉米是公认的高产作物，在目前世界各种作物高产纪录中，玉米居于首位，达

23.23 t/hm²，小麦为 15.20 t/hm²，水稻为 14.77 t/hm²。玉米光合效率高，**雌雄同株异穗能最好利用杂种优势**，株型结构理想，这些特性决定了玉米的高产。根据对河南省光温水资源生产潜力分析：早熟玉米公顷产可达 100～150 t，中熟玉米公顷产可达 12～17 t。这说明玉米不仅高产而且增产潜力大。

（二）玉米生产前景广阔

玉米是最活跃的粮食作物，一直畅销。随着人们生活水平的提高，对玉米等粮食作物的间接消耗在增加，发达国家年人均玉米占有量 300 kg，美国 626 kg，我们国家只有 90 kg。这说明玉米的市场潜力很大，前景广阔。

（三）玉米是最活跃的粮食作物

玉米被人们直接消耗的不到 10%，作为工业原料，制药、淀粉、乙醇、化工等消耗的不到 20%，而 70%～80% 是作为饲料用的，因此玉米称为饲料之王。玉米生产的发展，对于畜牧业的发展，人们生活的提高，农民收入增加，乃至促进国民经济的发展作用巨大。

1. 提高人们生活水平和身体素质的作用巨大

一个民族，身体素质的提高依靠肉奶的丰富，有些国家人均年消费牛奶 200 kg，我们国家牛奶消费量只有个位数，太低了。牛奶是人们身体康健的最好的营养品，最好的补钙品。国家提出了牛奶工程，这一工程必须靠奶牛业的发展和玉米生产发展的支持。

2. 玉米生产对增加农民收入作用巨大

玉米在加工升值中是一个非常活跃的品种，出路多，升值幅度大，用以养猪、养禽、养牛等家家可做。以玉米为主再加以掺和的配合饲料，养成猪可升值 100% 以上，新培育的一些玉米新品种成熟时茎叶青绿，不衰老，是养牛、养羊的优良青饲料，氨化、青贮品质好。玉米还是医药、乙醇、化工和多种食品加工的原料，玉米的转化途径多，升值幅度大，对增加农民收入作用巨大。

3. 玉米生产对农村经济的发展作用巨大

玉米工业用途广泛，是潜在的食糖工业原料，美国的甜味添加剂有 50% 用果葡糖浆，它是以玉米为原料加工的甜味品，我国也有以玉米为原料的食糖工业和甜味剂工业，生产虽规模不大但前途广阔。另外，食品、医药、乙醇、味精、石油、塑料、农用地膜等生产都要用玉米作原料，玉米生产对经济的发展影响巨大。

二、河南玉米的种植模式

玉米高产栽培不仅要有适宜的密度，而且还要有适宜的种植方式。河南省生产上常用的种植方式有两种：等行距种植和宽窄行种植。

（一）等行距种植

等行距就是行距相等，株距随密度大小而变化。等行距种植可以使植株分布均匀，特别是在抽雄前的一段时期，地下部根系和地上部茎叶量较少时，均匀地分布在地下和空间，根系可以较充分地吸收土壤中的养分，地上部分的茎叶可以较多地截获光能，减少漏光，充分利用光能。如果在高肥水密度大的地块，叶面积达最大值后，行间由于行距均匀且行距较小，易形成郁闭现象，光照条件恶化，群体与个体之间矛盾激化，使光能利用率下降，产量降低。

等行距种植，适用于地力条件和栽培条件较差、限制产量的主要因子是肥水而不是光照的地块。这是因为地力与栽培条件差时，密度小，根系分布均匀，且能在最大范围内最大限度地吸收土壤中的养分；植株茎叶量少，叶片在空间均匀分布，群体内的光照条件好，行间不容易发生郁闭。在充分利用地力的基础上，光能利用率又不下降，因而有利于产量的提高。等行距一般行距为 60 cm 左右，平展型玉米可宽些，紧凑型玉米可窄些。等行距种植方式在机械化程度高的地区使用比较广泛，播种、中耕除草、喷药、前期施肥都较方便，但后期田间管理不方便。

（二）宽窄行种植

宽窄行也叫大小行，一般宽行与窄行相间排列。株距随密度大小而定。宽窄行的植株在田间分布是相对不均匀的，在生育前期对地力和光能利用较差，在生育后期，因宽行行距较大利于通风透光，即使有较大的叶面积系数，下部叶片仍能有较强的光照，群体与个体能较协调地发展。

宽窄行种植宽行一般 70 cm 左右，窄行 50 cm 左右，平展型可宽些，紧凑型可窄些。

三、河南玉米生产中存在的问题及玉米生产方式发展的趋势

（一）存在的问题

1. 品种选用不对路

不少农民选用品种时，仍未根据当地的气候特点、地力水平和肥水条件等合理选用适合本地种植的玉米品种。部分农民选用玉米品种往往只看穗子大小，不管产量高低，只看别人买什么自己就买什么，凭经营者推介购买，不结合自己的生产实际。

2. 种植密度不合理

一是密度偏低，达不到目标产量要求的株数；二是管理粗放，播种出苗后不间苗、不定苗，造成密度过稀或过稠影响产量。

3. 水肥投入不合理

施肥水平偏低，施肥总量不够，肥料利用率低，肥料以氮肥为主，磷、钾肥及微量元素肥料投入少，养分不平衡。

4. 投入少收益低

生产成本高，机械化生产水平低，劳动强度大，工作效率低。

5. 病虫害发生严重自然灾害频发

夏玉米生长季节高温多湿、大小斑病、玉米粗缩病、青枯病、锈病、玉米螟、蚜虫、红蜘蛛等病虫害时有发生，有的年份还十分严重。近年来苗期干旱，夏末秋初的风、雨灾害和生产后期的干旱也时有发生。

（二）解决问题的关键技术措施

1. 品种上

推广高产优质玉米新品种，加快品种的更新换代，选用熟期对路的玉米品种，改善玉米的品质，提高玉米的产量。

2. 田间管理上

合理密植、加强田间管理。玉米播种出苗后，根据苗情 3~4 片叶间苗，5~6 片叶定苗，剔稠补稀，使玉米株数达到目标产量要求株数。

3. 施肥上

增施有机肥和化肥的投入，实行配方施肥。改变施肥方式，由原来重施基肥（"一炮轰"）改为按玉米生长时期需肥规律分期施肥，提高玉米的产量。

4. 机械化与技术上

提高玉米生产机械化水平，推广秸秆覆盖免耕直播和精量播种技术。简化种植技术，提高劳动效率，降低劳动成本。

5. 病虫害防治及灾害防御

加强玉米病虫害的综合防治，提高防治效率。搞好农田水利基本设施，增强玉米抗旱排涝能力。

（三）玉米生产发展方式的趋势

河南省玉米生产技术面临着四大转变，即手工操作向机械化生产转变，小农生产向规模化生产转变，以高产为目标向高产高效转变，精耕细作向精简栽培技术转变。

1. 转变玉米生产方式，实现高产、高效协同

发展玉米生产以经济效益最大化为目标，以耐密植抗逆品种、机械化作业为载体；农业研究以保护环境为前提，有效地利用和节省资源，提高产量和利润率，改善农产品的品质，保持国际市场竞争力。

2. 改革耕作制度，推广精简实用高效的机械化作业

改革耕作制度，推广精简实用高效的机械化作业，实现我国玉米生产管理技术转型。

（1）精简化管理的转型　我国玉米生产应重点围绕上下茬衔接、改革种植模式，提高种子质量、推广单粒播种，机械施肥和机械化籽粒收获等关键环节，推广现代农业机械和生产管理技术。

（2）农机农艺配合　根据我国农村劳动力转移和成本上升的特点，当前应突出以农机为先导，研发与玉米主产区种植方式相适应的机械化作业标准，农机农艺相配合，推进玉米生产全程机械化进程。

（3）籽粒收获转型　改变早熟品种不高产的传统思维定式，以早熟、密植实现提质、增产、增效，逐步实施机械收获籽粒。

（4）选育耐密植、抗逆性强、适应机械化生产的玉米品种　强化早熟、耐密植、适应机械作业品种的选育，强化种子加工技术和单粒精播技术的研发和推广应用。

（5）强化基层技术服务体系建设，提升玉米生产能力　河南省因千家万户的小规模种植，难以规模化生产，但随着土地流转，规模种植效益突出，农民对技术需求将会更加强烈，要逐渐建立中国特色的技术和信息服务平台，促进玉米生产技术能力的提升。

四、河南夏玉米的生长发育特点及逆境因子分析

（一）河南夏玉米的生长发育特点

1. 生育期

玉米从播种到成熟所经历的天数，称为玉米的生育期。玉米生育期的长短随品种、播期及光照、温度等环境条件的改变而变化。播种早、日照时间长、温度较低时，生育期延长；反之则缩短。但就某一品种而言，环境条件相同时，其生育期是稳定的。

2. 生育时期

在玉米的一生中，随着生育进程的发展，植株形态发生特征性变化的日期，叫生育时期。玉米的生育时期有以下几个阶段：

（1）出苗期　幼苗出土 2 ~ 3 cm，全田有 50% 以上植株达此标准的日期为出苗期。

（2）拔节期　全田有 50% 以上的植株基部茎节长度在 2 ~ 3 cm 的日期为拔节期。

（3）大喇叭口期　玉米植株棒三叶（果穗叶及其上下二叶）开始抽出而未展开，心叶丛生，上平中空，整个植株外形像喇叭。全田有 50% 植株达此标准的日期为玉米的大喇叭口期。

（4）抽雄期　全田 50% 玉米植株雄穗尖端从顶叶抽出 3 ~ 5 cm 的日期。

（5）开花期　全田 50% 植株雄穗开始开花散粉的日期。

（6）吐丝期　全田 50% 植株雄穗抽出花丝 2 cm 的日期。

（7）成熟期　全田 90% 植株果穗上的籽粒变硬，籽粒尖冠出现黑层或籽粒乳线消失的日期。

3. 根

玉米的根为须根系，由胚根和节根组成。胚根又分初生胚根和次生胚根。节根分地上节根和地下节根。地下节根也叫次生根。当幼苗出土 1 周左右，长出 2 ~ 3 片叶时，在第一片完全叶的节间基部开始长出第一层次生根，以后大致每出两片叶长一层次生根。地上节根也叫支持根、气生根。从玉米孕穗至抽雄前，在靠近地面 1 ~ 3 个茎节上长出轮生的气生根。

玉米的根系入土深度可达 2 m，水平分布 1 m 以上，但绝大部分根集中在 0 ~ 30 cm 的表土层。玉米的根系具有吸收养分及水分、固定植物、合成氨基酸等作用。

4. 繁殖

玉米是雌雄同株、异花授粉的农作物，天然杂交率很高，一般在 95% 以上。玉米雄穗着生在茎秆顶部，为圆锥花序，由主轴和 15 ~ 40 个分枝组成。

玉米的雌蕊为植株中部着生的肉穗花序，俗称果穗。雌穗最下面是一段分节的穗柄，穗柄分为 6 ~ 10 个较密的节，每节着生 1 片由叶鞘变成的苞叶。穗柄上端连接 1 个圆筒形的穗轴，穗轴上有 4 ~ 10 行成对排列的小穗，每个小穗两朵花，其中只有 1 个能结实，所以通常果穗上的籽粒行数总是成双的，一般 8 ~ 20 行。

雌穗的分化：玉米的茎秆上除上部的 4 ~ 6 节外，每节都有腋芽，通常基部的腋芽不发育，中下部的腋芽则停留在穗分化的早期阶段，只有中上部的 1 ~ 2 个腋芽发育成果穗。玉米雌穗的分化过程与雄穗相似，但雌穗分化比雄穗晚，分化速度快。

（二）逆境因子分析

1. 河南省夏玉米区病害类型和发生规律

河南省夏玉米区主要病害类型有褐斑病、南方锈病和弯孢霉菌叶斑病。病害的发生和流行规律主要表现为：乳熟期豫东地区玉米褐斑病发病最严重，豫北、豫中和豫中南发病较轻，豫西南基本不发病；蜡熟期豫西南南方锈病发病最严重，豫中南、豫东和豫中中度偏重，豫北较轻；蜡熟期豫中南地区玉米弯孢霉菌叶斑病发病最严重，豫西南、豫东、豫中中度发病，豫北发病较轻。夏玉米生育期其他病害有灰斑病、小斑病、粗缩病、瘤黑粉病、茎腐病、锈病、纹枯病，其中粗缩病在豫中地区发病率较高，瘤黑粉病在豫东、豫北地区发病率较高。随纬度降低，玉米吐丝后随降雨量增大，各地病害均加重。

2. 气候因素与玉米病害、产量、品质的关系

基因型差异是玉米品种间抗病性、产量与品质形成不同的主要原因，而气候变化对玉米病害、产量与品质的形成也有较大的影响。吐丝前温度是促使病原孢子萌发侵染的关键因素，吐丝后降水总量、温度、湿度是促使病害发展及再侵染的主要条件，与病害发生发展吐丝前温度适宜程度、吐丝后降水量成正相关。在豫西南和豫中南，大喇叭口期温度、湿度是促进病原孢子萌发的主要因素，而吐丝期、乳熟期和蜡熟期的降水总量、温度与湿度的互作有利于病害的流行及再侵染。在豫东，大喇叭口期和吐丝期的温、湿度是促进病原孢子萌发的主要因素，乳熟期的降水总量、温湿度的复合作用有利于病害的流行及再侵染。豫西南的持续雨热同期有利于南方锈病的流行与蔓延，豫中南的持续高温有利于弯孢霉菌叶斑病孢子萌发与侵染流行，持续高湿有利于豫东褐斑病的流行，而高湿是豫东和豫北瘤黑粉病发生的主要因素，豫中较大的灰飞虱繁殖量是粗缩病流行的主要原因。产量与日照呈正相关，粗淀粉与花后日均气温呈正相关，粗蛋白质、粗脂肪与花后日照呈正相关；随纬度升高，不同生态区间玉米生育期日照时数增加，降水量减少，吐丝后病害减轻，产量增加，其中豫东地区玉米籽粒粗蛋白质、粗淀粉、粗脂肪、赖氨酸含量较高。

五、河南夏玉米不同生育阶段的管理关键与管理目标

（一）苗期

玉米从播种到拔节所经历的时期叫苗期。一般 25 ~ 40 d。这一时期属营养生长阶段，主要是生根、长叶、分化茎节，但以根系生长为中心。田间管理的目标是苗全、苗齐、苗匀、苗壮。

（二）穗期

玉米从拔节到抽雄所经历的时期叫穗期。一般 30 ~ 35 d。穗期是营养生长和生殖生长并进期，植株经历了小喇叭口、大喇叭口、抽雄等生育时期，是田间管理的关键时期。管理的目标是促叶、壮秆，争取穗多、穗大。

（三）花粒期

玉米从抽雄到成熟所经历的时期叫花粒期，一般45～50 d。这一时期植株营养生长基本停止，进入以开花、授粉、籽粒发育、成熟为主的生殖生长阶段，是产量形成的关键时期。田间管理的目标是保护叶片不受损伤、不早衰，争取粒多、粒重夺高产。

学习任务二 河南夏玉米高产生产技术

一、播前种子准备

（一）选用高质量的种子

· 选择增产潜力大适于夏播的种子。
· 根据当地产量水平选用审定的杂交种。
· 选用抗逆性强的杂交种。

（二）种子的处理

种子处理是在精选种子、做好发芽试验的基础上，进行晒种、药剂拌种和浸种。种子处理可以有效提高种子发芽率和减轻病虫害，为苗早、苗齐、苗壮打下基础。

1. 晒种

在播种前晒2～3 d，以提高发芽率，早出苗。在高温季节晒种时，切记将种子摊晒在水泥地、沥青地或金属板上，以免温度过高烫伤种子。

2. 药剂拌种

根据当地经常发生的病虫害确定药剂种类。防治地下害虫时，用0.3%的林丹粉拌种；防治丝黑穗病时，可用20%的萎锈灵拌种。药剂拌种要注意防止对环境造成污染及对鸟兽造成危害。有条件时，尽量用种衣剂进行包衣处理。

3. 浸种

浸种的主要作用是供给水分、促进发芽，用营养液浸种还有促进根系发育的作用。常用的浸种方法如下：

（1）清水浸种 用20～30℃凉水，春玉米浸12～24 h，夏玉米浸4～6 h。

（2）温汤浸种 水温55～58℃，浸泡6～10 h。以水能浸没种子为度。

（3）微量元素浸种 土壤缺锌时，可用0.02%～0.05%硫酸锌溶液浸种，缺锰时用0.01%～0.1%硫酸锰浸种，缺硼时用0.01%～0.055%硼酸液浸种。浸种时间均以 12～15 h 为宜。

浸种必须在土壤墒情较好或带水点种时才能进行。浸种后遇雨不能及时播种时，可以把浸过的种子薄薄地摊在席上，放阴凉处，以防止发芽过长。

二、早播的方法与技术

夏玉米力争在 6 月上、中旬播完，早的可以提前到 5 月末，最迟也不要超过 6 月 20 日。夏玉米早播技术有以下四种：

1. 麦垄套种

套种时间以麦收前 7～15 d 为宜。产量为 4.5 t/hm² 以上的地块麦收前 7 d，产量 3～4 t/hm² 的田块麦收前 10 d，产量 2.3 t/hm² 以下的田块麦收前 15 d 进行套种。套种玉米宜选用中晚熟品种，并保证足墒全苗。小麦、玉米共生期间，由于麦行间通风透光条件较差，土壤板结，因而麦收后要及时间苗、定苗，及时追肥、浇水，并进行中耕灭茬。在田间管理上要掌握"一促到底"的原则。

2. 麦茬播种

麦收后不整地，直接冲沟播种或挖穴点播。麦茬播种由于土壤板结、肥水不足，播后应加强管理，及时浇水、施肥，以及中耕灭茬、松土等。只有早管、细管，才能保证早播的增产效果。

3. 育苗移栽

首先，应该培育好壮苗，壮苗返苗速度快，成活率高。其次，应适龄移栽。移栽时苗龄以 18～22 d、叶龄以 5～7 片为宜。最后，应及时管理，移栽后立即浇水，缓苗后立即中耕、施肥。

4. 麦后抢种

麦收前备好粪，浇好水。麦收后及时整地，并抓紧时间抢种。

三、苗期管理

（一）生育特点

玉米苗期是营养生长阶段，主要是根、茎、叶的分化生长，地上部分主要以长叶为主，根系是这一时期的生长中心。保证根系良好发育，协调地上部与地下部之间的关系，对促苗早发、培育壮苗有重要意义。

玉米苗期田间管理的主攻目标是：促进根系良好发育，实现苗全、苗齐、苗匀、苗壮。

高产玉米从播种到拔节需 25 d 左右，壮苗的标准是：茎基部短而敦实，叶片挺拔有力,厚而深绿,根系发达。

要达到上述标准,玉米的苗期管理应突出一个"早"字,尤其是夏玉米,在早播的基础上,更应狠抓苗期管理,促使幼苗早生快发,健壮生长。

(二)管理措施

1. 查苗补种

玉米如果缺苗,产量就会受到很大影响,因此,在夏玉米出苗后,必须及早认真地做好查苗、补种,确保全苗。

2. 中耕松土

中耕可以疏松土壤,流通空气,有利于土壤微生物的活动,促进土壤有机质的分解,增加有效养分,促进根系向下深扎,增强根系吸收肥水的能力。干旱时可起到保墒作用。在大雨或久雨后,土壤水分过多,中耕又可促进水分蒸发,起到散墒作用。

玉米苗期中耕一般进行 2~3 次。第一次在定苗之前,这时幼苗矮小,要避免压苗,中耕深度宜浅,以 3~5 cm 为宜。第二次在拔节之前。此次中耕可使次生根深扎,深度在 10~12 cm,要行间深,苗旁浅。

麦垄套种或铁茬抢种的夏玉米播前没有耕地,而麦田经长时间的雨淋和灌水,土壤板结坚硬,对幼苗根系生长不利。所以麦收之后或苗齐后应立即中耕灭茬,以疏松土壤,促进根系发育。

3. 早间苗定苗

早间苗既能防止幼苗拥挤和相互遮光,节省土壤水分和养分,有利于幼苗根系发育和苗壮成长,又能尽早拔除病苗和弱苗达到齐苗。玉米间苗一般应在 3 叶期进行。

间苗后,当幼苗长到 4~5 片叶时,进行定苗。选留粗壮、均匀一致、茎扁叶宽、色绿的壮苗。对缺株相邻的苗,用双株留苗,并应特别注意留下生长整齐、大小一致的双苗。对没有进行土壤药剂处理、地下害虫危害严重的地块,可适当推迟定苗时间。

夏玉米在高温条件下,幼苗生长很快,对地下害虫危害轻的地块,可在 4 叶期一次定苗。

4. 施提苗肥施偏心肥

一般在定苗后施用,目的是为齐苗、壮苗。可施尿素 60~80 kg/hm²。集中施于幼苗附近,要注意避免烧伤幼苗。地力足、基肥多、苗壮的可不施,地力薄、未施基肥的地块应当早施。定苗之后,因地势低洼,干旱严重,肥料不足,覆土过深以及害虫咬伤等都能引起弱苗的产生,弱苗对产量影响很大,应及时采取措施,使其由弱转壮。其措施是采取单株管理,使之迅速赶上一般植株高度,否则在后期严重郁闭的情况下，往往造成空秆或果穗细小，秃尖缺粒。常用的方法是施"偏心肥"，以速效性肥料穴施于植株附近。干旱时可浇 1% 的尿素溶液，每株 0.5 ~ 0.75 kg。

5. 蹲苗

蹲苗是获得壮苗的重要措施，是根据玉米苗期生长规律，用人为的方法进行"控上促下"，解决地上部生长与地下部生长矛盾的一项有效措施。

蹲苗的方法是在苗期底墒充足的情况下，控制苗期灌水，不追肥，多中耕，造成上干下湿、上松下实的土壤环境。蹲苗要坚持"蹲黑不蹲黄，蹲肥不蹲瘦，蹲湿不蹲干"的原则。

6. 覆盖秸秆

玉米苗期，正值高温干旱季节，土壤蒸发量大，易造成土壤干旱板结，采用玉米苗行间覆盖麦糠或碎麦秸的方法，每公顷覆盖麦糠或碎麦秸 4.0 ~ 5.0 t，不仅能够蓄水保墒，提高土壤含水量，而且还可以降低土壤温度，培肥地力，抑制杂草生长，并能增加株间二氧化碳含量，有利于光合作用，一般可增产 10% ~ 20%。具体覆盖时间在玉米齐苗后至拔节前进行。采用化学除草的田块应在化学除草后进行。

7. 生长调节剂及微肥的使用

（1）多效唑的使用　玉米 5 ~ 7 叶期每公顷喷洒 15% 的多效唑可湿性粉剂，750 g 兑水 750 kg。选择晴天下午喷施，务必喷洒均匀，做到不重喷、不漏喷。若喷后 6 h 内遇雨，要降低一半药量重喷。使用多效唑应注意只适用于高肥水地的旺长苗，若在旱薄地块或弱苗上使用，不仅达不到应有效果，甚至可能减产。

（2）锌肥的使用　玉米是对锌元素敏感的作物，苗期易发生缺锌僵苗症状。土壤含锌量低于 0.6 mg/kg 就出现缺锌症状。玉米缺锌时表现叶绿素减少，叶片失绿，呈花白型，失绿部分叶片变薄，节间缩短，叶窄株矮，生育进程延迟。僵苗的株高一般为正常苗的 70% 左右。发生缺锌僵苗的田块，一般减产 10% ~ 25%，严重的减产 30% ~ 50%。在苗期发现缺锌症状后，应及时喷施 0.2% 的硫酸锌溶液，每公顷用量 750 kg 左右，10 d 后再喷一次。

8. 化学除草技术

玉米地主要杂草有马唐、狗尾草、牛筋草、狗牙根、黎、苍耳、马齿苋、龙葵、小飞蓬、大蓟等。玉米生长较快，封行早，只有那些比玉米出苗早或几乎和玉米同时出苗的杂草才会对玉米造成严重危害，出苗较晚的杂草对玉米产量影响不大。

玉米播前或播后苗前土壤处理在小麦玉米连作地区，施药期不宜太晚，以免造成下茬小麦药害。在单双子叶混生的田块，应使用莠去津与酰胺类除草剂复配的组合，以便扩大杀草谱，降低残留量。

苗后茎叶处理通常在玉米 4~6 叶期、杂草 2~5 叶期进行，施药过早或过迟易产生药害。

9. 防治病虫害

（1）玉米粗缩病的防治 玉米整个生育期都可感染发病，以苗期受害最重，5~6 片叶即可显症，开始在心叶基部及中脉两侧产生透明的油浸状褪绿虚线条点，逐渐扩及整个叶片。病苗浓绿，叶片僵直，宽短而厚，心叶不能正常展开。病株生长迟缓、矮化叶片背部叶脉上产生蜡白色隆起条纹，用手触摸有明显的粗糙感，植株叶片宽短僵直，叶色浓绿，节间粗短，顶叶簇生状如君子兰。至 9~10 叶期，病株矮化现象更为明显，上部节间短缩粗肿，顶部叶片簇生，病株高度不到健株一半，多数不能抽穗结实，个别雄穗虽能抽出，但分枝极少，没有花粉。果穗畸形，花丝极少，植株严重矮化，雄穗退化，雌穗畸形，严重时不能抽穗。

防治方法：

1）加强监测和预报。在病害常发地区有重点地定点、定期调查小麦、田间杂草和玉米的粗缩病病株率和严重度，同时调查灰飞虱发生密度和带毒率。在秋末和晚春及玉米播种前，根据灰飞虱越冬基数和带毒率、小麦和杂草的病株率，结合玉米种植模式，对玉米粗缩病发生趋势做出及时准确的预测预报，指导防治。

2）选用抗病品种。尽管目前玉米生产中应用的主栽品种中缺少抗病性强的良种，但品种间感病程度仍存在一定差异。因此，要根据本地条件，选用抗性相对较好的品种，同时要注意合理布局，避免单一抗源品种的大面积种植。

3）调整播期。根据玉米粗缩病的发生规律，在病害重发地区，应调整播期，使玉米对病害最为敏感的生育时期避开灰飞虱成虫盛发期，降低发病率。麦田套种玉米适当推迟，一般在麦收前 5 d，尽量缩短小麦、玉米共生期，做到适当晚播。

4）清除杂草。路边、田间杂草不仅是来年农田杂草的种源基地，而且是玉米粗缩病传毒介体灰飞虱的越冬越夏寄主。对麦田残存的杂草，可先人工锄草后再喷药，除草效果可达 95% 左右。

5）加强田间管理。结合定苗，拔除田间病株，集中深埋或烧毁，减少粗缩病侵染源。合理施肥、浇水，加强田间管理，促进玉米生长，缩短感病期，减少传毒机会，并增强玉米抗耐病能力。

6）药剂拌种。用内吸杀虫剂对玉米种子进行包衣和拌种，可以有效防治苗期灰飞虱，减轻粗缩病的传播。播种时采用种量 2% 的种衣剂拌种，可有效防止灰飞虱的危害，同时有利于培养壮苗，提高玉米抗病力。播种后选用芽前土壤处理剂如 40% 乙莠水胶悬剂，50% 杜阿合剂等，每公顷 8~9 L，兑水 450 kg 进行土壤封密处理。

7）喷药杀虫。玉米苗期出现粗缩病的地块，要及时拔除病株，并根据灰飞虱虫情预测情况及时用25%扑虱灵每公顷用750 g，在玉米5叶期左右，每隔5 d喷1次，连喷2~3次，同时用40%病毒A 500倍液或5.5%植病灵800倍液喷洒防治病毒病。

（2）害虫的防治　玉米苗期虫害有逐渐增加趋势，个别地区棉铃虫、黏虫在玉米苗期大发生，对于玉米生产造成严重危害，因此，应重视玉米苗期虫害的防治工作。玉米苗期虫害主要有地老虎、蝼蛄等地下害虫和蓟马、蚜虫、棉铃虫、黏虫等地上害虫。

1）毒饵诱杀。对地老虎、蝼蛄等地下害虫可用毒饵诱杀的方法。

2）喷雾防治。对地老虎，在其幼虫入土前，发现危害症状，应及时喷药防治。

3）人工捕捉。对地老虎，每日清晨，在被害苗根际周围扒土捕捉幼虫。也可用新鲜的泡桐树叶，于傍晚均匀放在田间，第二天清晨在叶下捕捉害虫。

4）对地上害虫蓟马、蚜虫、棉铃虫、黏虫等，可用有机磷和拟除虫菊酯类农药的复配制剂进行喷雾防治，以减缓虫害抗性，提高防效。

四、穗期田间管理技术

（一）生育特点

玉米穗期是营养生长与生殖生长并进期，此期不仅茎叶生长旺盛，而且雌、雄穗先后开始分化，茎叶生长与穗分化之间争水争肥矛盾较为突出，对营养物质的吸收速度和数量迅速增加，是玉米一生中生长最旺盛的时期，也是田间管理的关键期。在这一时期内包括了茎的生长和雌雄穗的分化等过程。玉米的茎粗壮、高大，直径2~4 cm，株高因品种和栽培条件不同而有显著差异。

（二）田间管理措施

1. 去除分蘖拔掉弱小株

在玉米群体较小，光照和营养充足的条件下，玉米茎基部易发生分蘖。发现分蘖应及时拔去，因为分蘖与主茎争夺养分激烈，易形成空秆和小穗。

穗期如发现有弱小株，应及时拔除，因为弱小株很少形成雌穗，即使形成小的雌穗，也因抽出过晚，不能授粉结实。因此，对这样的弱小株，应随见随拔。

2. 中耕培土

培土可以消灭杂草，促进根系发育，扩大根系吸收范围，防止倒伏，同时还有利于以后的灌溉和排水。但培土不宜过早、过高，否则易造成减产。一般以幼苗拔节以后到大喇叭口期培土最为合适，培土高度10 cm左右为宜，并分两次培成。培土应注意尽量避免压盖幼苗基部的功能叶片。

干旱地区或无灌溉条件的地区，不宜培土，因为培土会扩大表土的受光面积，从而提高地温，增加土壤水分的蒸发，对玉米发育不利。

3. 追肥

为了满足玉米穗期对土壤养分急剧增长的需要，保证玉米的正常生长和发育，应适时适量追好穗肥。一般穗期追肥可分两次进行。

（1）拔节肥　拔节肥是指拔节前后的追肥。在此期间，营养器官进入旺盛生长阶段，追施适量的攻秆肥，可使秆壮、叶茂，利于穗的分化与形成。追肥时间因品种、地力、苗情灵活掌握，一般在播种后 20～30 d。攻秆肥的施肥量，一般在总追肥量的 20%～30% 左右，折合尿素 15～20 kg。攻秆肥的施用应因地、因苗灵活掌握，在地力肥沃、幼苗生长健壮的地块，应控制攻秆肥的施用量，推迟施用时间，宜少施、晚施甚至不施，以免引起茎叶的徒长。在土壤瘠薄、施肥少、幼苗生长瘦弱的情况下，攻秆肥应适当多施、早施。

（2）大喇叭口期追肥　大喇叭口期追肥是指抽雄前 10～15 d 的追肥。这时营养生长和生殖生长十分旺盛，是决定果穗大小、穗粒数多少的关键时期，也是玉米需肥最多的时期。这时重施穗肥，肥水猛攻，还会使上部节间和叶片相对增长和加大，改善受光条件，提高光合生产率，保证有足够的养分向果穗中运转，对增加粒重、提高产量有很大作用。攻穗肥的施肥量一般占总追肥量的 60%～70%，每公顷折纯氮 200～300 kg，折尿素 400～600 kg。

高产田一般土壤地力肥沃，基肥多，同时施有种肥，苗子长势旺，追肥一般采用"三攻施肥法"，即攻秆、攻穗、攻粒肥。群众把三次施肥时间形象地总结为："头遍追肥一尺（33 cm）高，二遍追肥正齐腰，三遍追肥出毛毛。"三次追肥效果明显好于两次追肥和"一炮轰"追肥法。

（3）灌溉浇水　玉米拔节以后，随着植株的迅速生长，需水量亦逐渐增多，而且以抽雄前后需水量最大。玉米抽雄前 10 d，到抽雄后 20 d，是玉米的需水"临界期"，对水分反应极为敏感，因此，应根据具体情况，拔节、抽穗期结合追肥及时灌水。

1）拔节水。拔节期结合追肥进行灌水，拔节期灌水不宜大水漫灌，以免引起茎秆生长过旺，提高结穗部位，降低抗倒伏能力。一般以土壤水分保持在田间最大持水量的 65%～70% 为宜。

2）孕穗水。孕穗期是玉米需水临界期，必须及时结合追肥进行灌水。既能防治"卡脖旱"，又可增强叶片光合强度，积累更多的有机物质，使灌浆期养分更多地向籽粒运转。提高花粉生活力，减少果穗秃尖。一般以土壤水分保持在田间最大持水量的 70%～80% 为宜。

4. 化控技术

化学控制物质包括植物激素和植物生长调节剂，可分为两类：一类是用来改善株型结构、防止倒伏、提高玉米稳产性的化控剂，如乙烯、多效唑、玉米健壮素等；另一类是用来改善植株光合性能、调节体内养分分配、促进产量提高的化控制剂，如叶面宝、植宝素、喷施宝、高美施、油菜素内酯等。

（1）玉米健壮素　玉米健壮素是一种植物生长调节复配剂。玉米喷施该制剂后，可抑制茎秆节间伸长，株高、穗位下降，茎秆增粗，根系发达，叶片变得短、宽、厚，上部叶片与茎秆夹角变小，株型趋于紧凑，增强了抗倒伏能力和光合生产能力，提高稳产性。

玉米健壮素最佳施用时期是雌穗小花分化末期，生产上应掌握田间已有1% ~ 3%植株雄穗露出，用手摸还有60%左右的雄穗距心叶最下部7~10 cm。

玉米健壮素属于酸性调节剂，避免和碱性农药和化肥混用。

（2）多效唑　玉米进入拔节期后，如果苗子长势过旺，可及时喷洒0.015%多效唑溶液，控制旺长。

（3）油菜素内酯　油菜素内酯是一种新型的植物生长激素，制剂为农利乐0.01%的乳剂。

玉米喷施油菜素内酯，可显著地减少籽粒败育率，使穗粒数增多。籽粒败育率降低的重要原因是喷施油菜素内酯后，叶片的叶绿素含量、光合速率、叶片重量等明显提高，光合产物增多，使发育迟的顶端籽粒也得到充实，败育籽粒减少，即减少尖秃，增加穗粒数，同时还可使千粒重提高。

1）适期喷药。在玉米大喇叭口期，全株喷施油菜素内酯一次，效果最好，可显著减少籽粒败育率，玉米增产18.4%。

2）施药量及施药方法。每公顷用0.01%农利乐乳剂50~60 ml，兑水450~600 kg，稀释成10 000倍液均匀喷雾。

（4）叶面宝、喷施宝、植宝素、高美施　这是一类营养型植物生长调节剂。

1）适期用药。叶面宝、喷施宝、植宝素、高美施在玉米整个生育期内均可喷施，以拔节期、孕穗期喷施效果较好。

2）施药量及施药方法。一般可在玉米拔节期、孕穗期、灌浆期喷施2~3次，喷施浓度：叶面宝、植宝素和喷施宝一般每公顷一次用药量为75毫升，兑水400~600 kg，稀释6 000~8 000倍液，均匀喷施于叶面上。高美施一般每公顷用药量为1.2~1.5 L，兑水500~600 kg，稀释500倍液均匀喷施于叶面上。喷后6 h内遇雨应再补喷一次。

5. 化学除草

对苗期未进行化学除草地块，进入拔节期后，杂草还有一个出苗高峰期，应在中耕后用50%的都阿合剂，或40%的乙莠水悬浮剂或50%的禾宝乳油进行土壤封闭处理。注意应尽量压低喷头，避开玉米植株。

对拔节后杂草危害较重尤其是香附子、打碗花等多年生宿根杂草危害较重的地块，可用20%的草甘膦水剂进行定向喷雾防治，也可用20%的克无踪水剂进行定向喷雾防治。

6. 病虫害防治技术

（1）夏玉米锈病的发生与防治　近年来，玉米锈病已成为夏玉米主产区的主要病害。以其发病时间集中、传播速度快等特点，致使叶片提早枯死，严重制约着玉米产量的进一步提高。

1）危害症状。玉米锈病发生于玉米植株上的各个部位，主要以侵染叶片为主，严重时也可侵染果穗和苞叶。在受害部位，病斑颜色依次为乳白色、淡黄色、黄褐色，最终成为红褐色后，表皮破裂散发出锈粉状夏孢子，并可进行重复侵染。后期病斑上着生黑色近圆形突起，开裂后现出黑褐色冬孢子。病斑呈椭圆形或长椭圆形隆起，无规则散生或聚生。斑斑相连后导致叶片功能丧失，提早枯死。

2）防治措施。玉米锈病是一种气流传播的大区域发生和流行性病害，防治上应在扩大种植抗病品种面积的基础上采取栽培防治和药剂防治相结合的措施。

农业防治。适时播种，合理密植，提倡基施氮、磷、钾复合肥和叶面喷洒磷酸二氢钾溶液，避免偏施氮肥，以提高玉米的抗侵染能力。低洼积水地块要及时做好排水工作。

化学防治。应立足于"预防为主"的方针，当田间始发病时就立即用药。

（2）玉米螟（俗称钻心虫）的防治　在心叶虫害率达到10%时应及时进行防治，大喇叭口期可集中杀死幼虫，是防治玉米螟的关键时期。

五、花粒期管理技术

（一）生育特点

玉米花粒期营养器官基本形成，植株进入以开花、散粉、受精结实为主的生殖时期。包括开花受精和籽粒发育，是决定粒数和粒重的关键时期。

玉米开花后花粉粒遇高温干燥天气会很快丧失活性，遇雨淋吸水膨胀也容易失去生活力。玉米雌穗花丝寿命一般为10～15 d，以抽出2～3 d受精能力最强。玉米授粉后进入籽粒形成阶段，该阶段分为4个时期：

1. 籽粒形成期

玉米在受精后15 d左右，进入胚的分化形成期。籽粒含水量高达80%～90%，外形似珍珠，胚乳呈清浆状。此期条件不良易形成秕粒。

2. 乳熟期

自授粉后 15 d 起到 30 ～ 35 d 为止。此期籽粒干物质积累迅速,胚乳逐渐由乳状变为浆糊状。此期是增加粒重的关键时期。

3. 蜡熟期

自授粉后 35 d 起到 50 d 左右为止是蜡熟期。此期干物质积累速度减慢,籽粒处于缩水阶段。胚乳由糊状变为蜡状。籽粒硬度不大,用指甲能掐破。

4. 完熟期

从蜡熟期末到种子完全成熟为完熟期。此期籽粒变硬,指甲不易掐动,表面呈现光泽,靠近胚的基部呈现黑色层,乳线消失,苞叶开始枯黄。

玉米花粒期管理的目标是保根保叶,防止早衰,提高粒重。

(二) 管理技术

1. 酌施粒肥

攻粒肥是指抽穗后开花授粉前所施用的追肥,施用攻粒肥主要是为了防止后期脱肥,维持和延长上部叶片的功能期,制造更多的营养物质,促进灌浆,增加粒重。攻粒肥对 600 kg 以上的高产田尤为重要。施攻粒肥,要掌握早施、少施的原则。夏玉米如果早、中期施肥不多,玉米生长较弱,有脱肥表现的追施少量速效氮肥,可使籽粒饱满;如果前、中期施肥较多,玉米生长正常,无脱肥现象,也可不施攻粒肥。而 600 kg 以上的高产田,在前轻(苗肥轻)、中重(穗肥重)施肥基础上,必须补施攻粒肥,以保证高产玉米对养分的需求。粒肥一般占总追肥量的 10% ～ 20%。

2. 灌溉与排涝

玉米花粒期需水量约占总需水量的 45% ～ 55%。玉米开花授粉期的生理活动最为旺盛,耗水强度最大,抽雄吐丝期 13 d,日耗水量达 50 m^3/hm^2,需水量约占总需水量的 14.6% ～ 19.2%。适时灌溉,保证充足的水分供应,能改善株间湿度,提高花粉生命力和受精能力,可以显著增加玉米的结实率。玉米受精进入灌浆期以后,日耗水强度逐渐下降,但因时间长,需水量占总需水量的 29.1% ～ 36.5%,此期有适宜的水分供应,才能使茎叶里贮存的可溶性营养物质大量向正在发育的籽粒输送。这时如果遇到干旱,就会严重影响粒重。因此,在干旱时必须及时浇好抽雄、吐丝和灌浆水,以提高玉米的结实率,增强灌浆强度,延续灌浆时间,促进贮存在茎叶里的光合产物及可溶性营养物向穗部籽粒中输送,减少果穗秃尖,增加穗粒数。但若在后期降水量过多,往往使土壤通气不良,根系缺氧,植株提早枯死,粒重和产量显著降低。所以,后期应做好排涝工作。

3. 病虫害防治

玉米花粒期主要虫害有玉米螟、棉铃虫、蚜虫等,其危害有逐年加重的趋势。可选用相应的农药采用喷雾、颗粒剂、抹药泥等方法防治。

六、适时收获

适时收获是实现玉米高产、稳产、优质的重要环节之一，玉米一般在完熟中期收获产量最高。为了更加全面掌握玉米适时收获期，可把苞叶松散、乳线消失和黑色层形成综合起来，作为玉米成熟和收获的标志。

学习任务三 特用玉米生产技术要点

一、饲用玉米

（一）饲用玉米的定义

饲用玉米，即专门用作饲养家畜（禽）的青饲和青贮玉米。

（二）管理措施

1. 播种

选种，选用普通夏直播玉米和整株带穗青贮的优质饲用玉米品种。

2. 播期

小麦收获后及时播种，至 6 月 30 日前结束。

3. 播种方式

机械半精播，铁茬抢种，播深 3～4 cm。

4. 底肥

每公顷施优质有机肥 30 t，撒施后旋耕。每公顷底施纯氮 120～150 kg、磷肥（P_2O_5）100～120 kg、钾肥（K_2O）180 kg、硫酸锌 8 kg。将化肥深播于播种沟底或侧部，深度为 12～15 cm，距种子 12～15 cm。

5. 保水剂处理

颗粒型保水剂每公顷底施 20 kg，可与化肥混施，浇足底墒水或蒙头水。

6. 除草

每公顷用 40% 乙阿合剂 4～5 L，兑水 750 kg 喷雾，可随播种一次喷洒。

7. 浇水补墒

夏玉米播种遇墒情不足，土壤相对含水量小于 75%，影响出苗时，应立即浇水补墒。

8. 定苗补肥

5 叶期按照品种适宜密度留苗。要留匀苗，保持株行距一致，长势一致。底肥不足的，苗期应尽早补足与底肥等量的肥料。

（三）浇水与排水

遇旱应及时浇水。苗期和抽雄前后 10 d、灌浆期遇旱应及时浇水。雨季田间有大量积水时应及时排水。

（四）防治病虫害

实时适药适法防治黏虫、玉米螟、穗蚜等。

（五）收获

1. 收获籽粒为主

应在玉米籽粒达到生理成熟时（即果穗苞叶完全变白、变软，籽粒黑色层形成、胚乳线消失）收获。

2. 秸秆青贮为主

应适当提前 7 d 左右收获。

3. 整株带穗青贮

籽粒达到乳熟后期收获。

4. 秸秆贮存

秸秆含水量达到 65% 左右，水分过多时，可以与粉碎的干草或秸秆混合青贮，水分低于 60%，应添加水分后青贮。秸秆切碎，长度为 1～2 cm，每撒一层秸秆要适当撒些盐，2 d 内装满青贮池，密封贮存。

二、高赖氨酸玉米

（一）高赖氨酸玉米的定义

玉米蛋白质中的赖氨酸和色氨酸含量比普通玉米高 70%～100%，醇溶蛋白由普通玉米的 41%～52% 降低到 16%，谷蛋白由 17%～28% 提高到 42%，蛋白质利用率由 40% 提高到 90%，营养价值显著高于普通玉米。人们便把这种玉米叫作高赖氨酸玉米。

（二）高赖氨酸玉米的栽培要点

1. 选好隔离区

高赖氨酸玉米如果接受了普通玉米的花粉，则当代籽粒就会表现出普通玉米类型——籽粒透明的硬胚乳性状，失去了软质胚乳的特性，赖氨酸含量变得与普通玉米一样。因此，凡生产上种植高赖氨酸玉米时，需要和普通玉米隔离，避免串粉，隔离条件同普通玉米隔离一样。

2. 抓好一播全苗

高赖氨酸玉米籽粒松软，百粒重较低，播种时如遇低温多湿，易导致种子霉烂，抓不住苗。胚一般又较大，含油量高，因而呼吸作用强，需氧量大。播种时如土壤水分过多，土壤板结，或播种过深，都会影响氧气的供应而不利于发芽、出苗。因此，为了一播全苗，播种时要求土壤疏松，湿度适中，播深以 3 cm 为宜。

3. 科学施肥和管理

高赖氨酸玉米粒重比普通玉米轻，所以苗期比普通玉米弱，定苗后应早追肥保苗壮。

目前生产上推广的高赖氨酸玉米灌浆期偏短，灌浆速度慢，影响粒重的提高。磷和养分的运输有密切关系，在施肥上要注意基肥中增施磷肥，每公顷施过磷酸钙 750 kg 以上为好。要增施穗肥，在抽雄前每公顷可追施 200 kg 尿素，授粉后再施少量粒肥更好，一般每公顷追施尿素 75 kg。

4. 适时收获，及时晾晒

高赖氨酸玉米的收获期不宜太迟，一般情况下，苞叶变黄就是成熟的标志。高赖氨酸玉米成熟后籽粒脱水较慢，含水量高于普通玉米，所以一定要晒到籽粒含水量减至 12% 时才可入库。

三、其他特用玉米

（一）高油玉米

1. 高油玉米的定义

高油玉米，即指含油量比普通玉米高的玉米。普通玉米的胚较小，含油量仅为籽粒重量的 4.0% ~4.5%，高油玉米的胚明显较大（目测即可与普通玉米的胚区分），含油量最少为 5.0%，大多数在 8.0% 左右。

2. 高油玉米栽培要点

高油玉米籽粒产量和含油率主要决定于品种的遗传性，所以高油玉米对水肥条件和田间管理并没有特殊要求，可视同普通玉米。但外界生态条件及栽培技术对高油玉米的产量和含油率也有重要影响，为了充分发挥高油玉米对粮、油的增产潜力，最大限度地增加该作物的经济效益，应当尽可能地提高管理水平，满足其丰产对肥水的要求。

1）高油玉米可以和普通玉米相邻种植，没有必要进行隔离，高油玉米和普通玉米相互串粉，对二者都无影响。

2）增施营养元素尤其是氮、磷、钾配合施用，可显著提高籽粒产量、含油率。增施磷肥是提高含油率的主要因素，但提高含油量必须以提高籽粒产量为基础，来争取提高籽粒含油率。营养元素的施用以氮肥为基础，配合磷素和钾素，这样方能使籽粒产量、油产量和含油率的提高协调统一，达到优质高产的目的。高油玉米适宜施肥期在拔节期（展 8～10 叶），含油率有显著提高。

3）使用植物生长调节剂能提高籽粒产量和含油率，在吐丝期喷施比对照籽粒增产 21.2%～28.9%。

（二）甜玉米

1. 甜玉米的特点

甜玉米是由普通玉米突变而来的一种含糖量很高的特用玉米，甜玉米的一个共同特点是乳熟期籽粒中含糖量较多。甜玉米具有很高的营养价值，不仅含糖量高，其蛋白质、赖氨酸、色氨酸等含量也较高，并含有丰富的维生素 B_1、维生素 B_2 和维生素 C，适口性好，利于消化吸收。甜玉米是一种菜果兼用的新型食品，甜玉米均为鲜食，在乳熟期采收嫩穗供应市场。其最大特点是可以冷藏，长年供应市场鲜嫩玉米穗，也可以加工成罐头。甜玉米植株健壮，不易倒伏，抗病性及适应性强。

2. 甜玉米的类型

根据甜玉米遗传特点的不同，可分为：

（1）普通甜玉米　乳熟期籽粒含糖量在 10% 左右，比普通玉米高 1 倍，而淀粉含量只占 35%，比普通玉米减少一半，籽粒成熟脱水后呈现皱缩透明状态，很容易与普通玉米区分。吃起来甜、黏、香，但甜味不浓。普通甜玉米突出的缺点是适宜的采收期很短，一般只有 1～2 d 时间，收获后糖分会向淀粉转化，使果皮变厚，含糖量下降，不耐贮存。

（2）超甜玉米　超甜玉米是对普通甜玉米而言的，它乳熟期的含糖量可达 20% 左右，淀粉含量 18%～20%，成熟脱水后籽粒凹陷干瘪，粒重只有普通玉米的 2/3，吃起来甜、脆、香。超甜玉米适合嫩穗青食和冷冻加工，一般不用来加工甜玉米罐头食品。

（3）加强甜玉米　这是一种新类型的甜玉米。它兼有普通甜玉米和超甜玉米的优点，因此用途广泛，既可嫩穗鲜食、冷冻加工，又可加工成甜玉米罐头。

3. 甜玉米高产栽培技术

（1）选用优良品种

（2）隔离种植，防止串粉　因为甜玉米是普通玉米的隐性突变体，甜玉米接受普通玉米的花粉后，穗上结的籽粒就成了普通玉米。因此要保持甜玉米特性，就要避免与普通玉米或其他类型的甜玉米串粉，这就要求隔离种植。其方法有两种：

①时间隔离：春播甜玉米，较周围其他玉米早播或晚播 15 d 左右。②空间隔离：甜玉米地块与周围其他玉米间隔距离在 400 m 以上。

（3）选好地块施足基肥 甜玉米种子秕瘦，胚乳养分极少，所以甜玉米要求土壤深厚，有机质含量高，排灌方便。基肥应以有机肥为主，氮、磷、钾配合使用；一般每公顷施有机肥不少于 45 t。

（4）分期播种和地膜覆盖 为了提早和延长上市时间，宜采用从 3 月底到 7 月底分期播种和地膜覆盖的方法，每期播种间隔以 4~5 d 为宜。

（5）提高播种质量，确保苗全苗匀

1）精细整地，整地质量应高于普通玉米生产田。

2）甜玉米种子发芽率为 60%~70%，一般每公顷播种量不少于 30 kg。

3）播种宜浅，一般为 3 cm 深。土壤墒情较差时，可播至 5 cm 深。甜玉米属平展叶型，最好采用宽窄行种植，一般宽行 80 cm，窄行 40 cm，株距 27~30 cm。

（6）加强田间管理

1）及早间定苗。3 叶期间苗，5 叶期定苗。由于甜玉米出苗大小不均匀，间定苗时要做到：去小留大，去弱留壮，去病留健，确保苗全苗匀苗壮，整齐一致。

2）早追肥。夏播甜玉米应在播种后 20 d 进行 1 次追肥，一般每公顷施复合肥 450 kg。

3）及时浇水。甜玉米比普通玉米需水量大且对水分敏感。在雨水正常年份，也应浇好 3 次水，即播种踏墒水、大喇叭口水和散粉水。遇到干旱年份，应及时增加浇水次数。

4）打杈去蘖。在抽雄前及时进行人工打杈去蘖 1~3 d，因为甜玉米有分枝生蘖现象。

5）控制病虫害。甜玉米含糖量高，茎秆也比普通玉米甜，极易招致玉米螟等害虫危害。如果穗部受损，就会严重影响果穗商品品质和销售价格。因此，甜玉米的虫害防治显得特别重要。由于甜玉米授粉后 20 d 左右即采收上市或制作罐头，为了防止食物中毒，防治害虫时应以生物防治为主，可在大喇叭口期接种赤眼蜂卵块；药剂防治为辅，可在大喇叭口期用敌百虫或菊酯类杀虫剂配制成颗粒剂投施玉米植株心叶，以控制玉米螟、棉铃虫危害。此外，还要做好蚜虫和玉米大小斑病等防治工作。严禁穗期施药防治，严禁滥用剧毒农药。

6）适时采收。采收期对甜玉米的商品品质、营养品质影响极大，收早了，果穗水分大，籽粒特别嫩，不好吃，产量低；收晚了，种皮变厚，籽粒内糖分向淀粉转化，籽粒失水过多塌陷，失去了甜玉米特有的风味。甜玉米应在乳熟期收获，但甜玉米类型不同，品种不同，采收不可能完全一样，一般在吐丝后 18~20 d 即可采收。果穗最佳的特征是：花丝外部萎蔫到苞叶上，呈深褐色；苞叶有些松散，绿中带黄；籽粒由乳白色变为黄色，用指甲触按籽粒时，富有弹性，饱满，籽粒不失水，不塌陷。也可在田间品尝，凭经验确定是否应该采收。采收果穗时要做到：勿抛掷碰撞挤压，要带苞叶采收；勿大堆存放，防暴晒，防霉变。采收后的果穗常温下不宜长时间存放，在 5 ℃存放不超过 24 h，否则，果穗久存甜度下降，失水过多，籽粒塌陷，品质变劣。

知识链接一：发霉玉米的鉴别

霉玉米鉴别方法：

（1）发霉后的玉米其玉米皮特别容易分离；

（2）观察胚芽，玉米胚芽内部有较大的黑色或深灰色区域为发霉的玉米，在底部有一小点黑色为优质的玉米；

（3）在口感上，好玉米越吃越甜，霉玉米放在口中咀嚼味道是很苦的；

（4）在饱满度上，霉玉米比重低，籽粒不饱满，取一把放在水中有漂浮的颗粒。

另外，我们还要警惕不法商贩用口水油抛光已经发霉的玉米并进行烘干后出售，还有一些不法分子将已经发芽的玉米用除草剂喷洒，再进行烘干销售。

知识链接二：高产玉米典型实例

河南省夏邑县杨集镇杨集三村村民张金山 2012 年种植夏玉米先玉 335 品种 0.33 hm^2。总共收玉米籽粒 3 662 kg，产量约合 10 985 kg/hm^2，成为高产玉米典型。

具体做法：①选用先玉 335 玉米种。该品种具有高产、优质、抗逆性强、适合当地种植等优点。②足墒播种。当时天气干旱，浇足水后 6 月 10 日单粒播种，一尺一株，密度 52 500 株/hm^2。磷酸二铵做种肥 120 kg/hm^2 一次施入。③科学施肥。每公顷施碳酸氢铵 1650 kg、过磷酸钙 900 kg、硫酸钾 350 kg、硫酸锌 30 kg。在施肥技术上，磷、钾肥及有机肥作底肥或苗期结合中耕灭茬一次施入，氮肥作追肥分次施入。苗期一般不施肥，第一次氮肥应在拔节期施入，占总追肥量的20%～30%；第二次追肥在大喇叭口期施入，占总追肥量的50%～60%。抽雄期追肥量占总追肥量的10%左右。④采用"三化"技术。化学除草、化学调控生长技术、化学防治病虫害。⑤及时去雄，人工辅助授粉。适时晚收。

思考与练习

1. 全国玉米种植面积从2002年的2 400万 hm^2 连年增加到2013年的3 630多万 hm^2，玉米种植面积持续增加的根本原因是什么？

2. 描述当地玉米主要的种植模式。

3. 思考当地玉米生产存在的问题并提出解决的思路。

模 块 四
水稻

【学习目标】

　　1. 了解河南水稻生产概况、生态区划、种植模式、产量构成要素等基本知识以及河南水稻生产中存在的问题。

　　2. 掌握水稻的生长发育特点、逆境因子应对措施，不同生育期的管理关键及病虫害防治技术。

　　3. 熟悉水稻育秧、麦茬水稻旱种等技术要点。

　　水稻是中国第二大粮食作物。2013 年，中国水稻播种面积 3 030 多万 hm^2，占中国粮食作物播种面积的 27.1%。河南水稻播种面积约 64 万 hm^2，占全国水稻播种面积的 2.1%，占全国粮食播种面积的 0.58%。

　　2013 年中国水稻总产量 20 361 万 t，河南总产量 486 万 t，占全国水稻总产量的 2.39%。水稻单产略高于全国平均水平。

学习任务一　河南水稻生产概况

一、河南水稻的地位

　　河南省种稻历史悠久，距今有 5 000 多年的历史。水稻是高产稳产作物，适应性强，稻米营养丰富，易于消化，各种营养成分的可消化率和可吸收率均较高，很适合人体需要。2011 年河南省水稻单产 7 437 kg/hm^2，水稻在河南省粮食生产中具有重要地位。

二、河南水稻生态区划

水稻是喜温好湿的短日照作物。河南省水稻种植分布广泛，全省100多个县市区种植水稻。河南地处中原，为南方稻区和北方稻区的过渡地带，兼有二者的特点。首先是水、热资源丰富，无霜期200 d以上，多数地区可实行稻麦两熟，淮河以南还可种双季稻。年降水量在600～1 200 mm，并集中在7～9三个月，有利于水稻生长。

按自然分布状况河南可划分为豫中北、豫南两大稻区。北部稻区主要是指以新乡、濮阳、开封等地为代表的沿黄稻区，是河南省优质粳稻的集中生产基地，以引黄灌溉、稻麦两熟制种植为特点，是闻名全国的优质粳米产地。中部稻区包括颍沙河、伊洛河稻区，种植较分散，是籼粳稻混种地带。南部稻区包括淮南、淮北和南阳市三个分区，水稻种植历史悠久，水稻种植条件和品种类型与长江流域相同，是我国采用稻麦两熟制种植最早的区域，是河南省的水稻主产区，以种植杂交中籼稻为主，部分地区开始发展种植优质粳稻。豫南稻区水稻种植面积占全省水稻面积的75%以上。

河南省水稻种植分为6个稻作区：

1. 淮南稻作区

本区地处淮河以南、大别山北麓，包括桐柏、信阳、罗山、光山、潢川、固始、商城、新县8个县、市的全部和息县、淮滨2个县的淮河以南部分。

2. 淮北稻作区

本区地处淮河以北，汝河以南。包括息县、淮滨、正阳、确山、汝南、沁阳6个县。

3. 南阳稻作区

本区位于河南省西南部的南阳盆地，包括南阳、唐河、南召、西峡、内乡5个县、市。

4. 颍（河）沙河稻作区

本区地处汝河以北，颍河、沙河以西的中部地区。包括郾城（现在为漯河市区一部分）、禹州、鲁山、叶县、襄城、宝丰、许昌、扶沟、郏县、平顶山10个县、市。

5. 沿黄（河）稻作区

本区地处黄河两岸。包括孟津、温县、武陟、获嘉、新乡、沁阳、原阳、封丘、延津、长垣、濮阳、范县、郑州、开封、中牟、济源、博爱、辉县等20个县、市。

6. 伊洛河稻作区

本区地处河南省西部伊河、洛河两岸。包括临汝、伊川、偃师3个县。

三、河南水稻的种植模式

豫南稻区主要实行稻麦、稻油、稻肥一年两熟轮作制，部分水田则为一年一季稻作。主要是春播作物与秋冬播作物轮作。春播作物以水稻为主，花生、甘薯、玉米、西瓜等作物为辅，水稻占总播种面积的70%左右，秋冬播作物有小麦、油菜、紫云英、大麦等，水稻－小麦（油菜、紫云英）是豫南基本的轮作方式。豫北稻区以引黄灌溉、稻麦两熟制种植为特点。沿黄稻区的水稻生产不仅产量高，且稻米品质优良，目前该区引黄种稻面积达10万 hm^2，种植常规粳稻为主。

四、河南水稻生产中存在的问题与生产方式发展的趋势

（一）存在的问题

1. 品种相对缺乏

在品种利用方面，缺乏优质、抗病、适应性强的超高产优良品种。

豫南稻区以杂交籼稻为主，生产上品种多、乱、杂，缺乏主导品种；另外，南部籼稻区籼米品质差，商品率低，大量被积压，挫伤了稻农的积极性；北部粳稻区，为提高粳米商品率，特别注重优质品种，而这些品种的产量则一般，缺乏突破性的高产优质高效的主导品种。

2. 配套技术滞后

在生产技术方面，配套栽培技术研究相对滞后，成果转化应用缓慢。

如农民盲目增施单一品种化肥，缺乏持续高产平衡施肥技术，进而出现产量徘徊不增的局面。河南省稻区多为稻麦轮作，如果耕地不注意用养结合，持续高产就没有保证。由于受水利、生产、科技、政策等条件的制约，农民稻田用水盲目性很大，普遍存在"前期有水即灌，无水不灌；中期烤田过迟；后期断水过早"的现象。由于农田渠系年久失修，灌溉用水浪费严重，水分利用率偏低，也限制着水稻持续增产。

3. 病虫害防控体系不健全

在病虫害防治方面，水稻病虫害综合防治体系不健全，水稻病虫害有逐年加重的趋势，而预测预报与综合防治技术研究较少，统一防治面积较少。病虫害防治仍以化学措施为主，缺乏生物措施。

4. 基础设施滞后

灌溉设施不完备，减灾抗灾能力低下，南部籼稻区低洼易涝面积较大，由于缺乏排水渠系，导致水稻夏涝灾害出现频率达50%～60%。北部粳稻区进入20世纪90年代，干旱性天气加剧，加之黄河断流时间提早与加长，次数增多，尤其是水

稻移栽期黄河严重枯水，加上沿黄稻区大多缺乏井灌条件，难以补充灌溉，因此给沿黄水稻生产造成不可弥补的损失。缺乏减灾稳产预警机制，高产田块稳产性较差。

5. 机械化程度较低

河南省水稻生产机械化水平较低，机械插秧面积不到全省水稻面积的1%，机械化收割面积只有50%。近年来，农村青壮年劳动力大量进城务工，水稻生产从业人员的数量和素质出现结构性下降，水稻生产粗放化管理问题突出，技术推广片面追求省工、省力、节本，盲目应用轻简栽培技术，一些先进实用的高产稳产、优质高效栽培技术难以普及应用。

6. 加工能力薄弱

稻米精深加工能力不高，副产品利用水平较低，水稻产业综合效益较低。在大米加工与产业方面，河南省稻米精深加工能力低，加工副产品利用较低，没有形成良性产业链。而河南省是人口大省，稻米消费越来越大，特别是优质米的需求量巨大，然而河南省生产的优质米远远满足不了，大量的东北大米占据了中原市场。

（二）河南水稻生产方式发展的趋势

1. 科学利用农业资源，充分挖掘水稻增产潜力

加强农业基础设施建设，提高产出能力。保护农业生态环境，加大节水工程建设力度，缓解河南省水稻生产缺水问题。加强中低产稻田改造，建设高标准农田，不断培肥地力，提高耕地综合生产能力。

提高科技对水稻生产的支撑能力，依靠科技提升耕地产出能力。加大水稻科研投入，开展水稻遗传育种、栽培、病虫害综合防治以及产后加工等方面的研究，促进水稻科技创新与进步。

2. 优化品种与区域布局，提升水稻产业竞争力

水稻是我国第一大粮食作物，稻米是重要的口粮品种。随着社会经济的发展和人们生活水平的提高，社会对稻谷的需求增加，尤其对粳米需求快速增长。河南省稻米市场呈现"粳米需输入，籼米要输出"基本态势。因此，在豫南水稻集中产区要积极发展优质粳稻，稳步扩大播种面积，不断提高单产和品质，满足市场对粳米的需求；同时，豫南稻区也是我国优质籼米种植适宜生态区，应着力发展优质高产籼稻米的生产，整体提升河南省水稻品质水平，解决稻米供给的结构性矛盾。加大水稻高产、超高产栽培技术推广力度，加强超高产品种、培育壮秧、合理密植、科学肥水管理，充分挖掘超级稻强大的增产潜力，使河南省水稻生产再上一个新台阶。

把清洁生产作为水稻可持续发展的主导方向，以提高稻作水平与增强市场竞争力为目标，以优质、高效、安全为中心，加强水稻产业技术创新研究与集成，大力

发展无公害、绿色、有机水稻生产，提高水稻产业竞争力。加强育种材料与方法创新，培育与推广优质高产超级稻品种，优化栽培技术，加快超级稻栽培技术的集成配套与示范推广。

3. 推广全程机械化生产，促进水稻产业升级

加快水稻生产机械化，减轻水稻生产劳动强度，降低生产成本，提高产量和收益是提高水稻综合生产能力、保障国家粮食安全的一项战略措施。改善制约水稻生产机械化发展的基础设施条件，加速推进装备创新与技术配套。将农村机耕道路、农机场库棚、中小型农村机电提排灌设施建设纳入农业和农村基础设施建设，加大中央和各级地方政府农机具补贴力度。开展水稻生产机械化基础研究和关键装备的科研攻关，研发免耕栽培播种机械、高效水田植保机械、超级稻栽植和收获机械。建立一批水稻生产机械化技术集成示范基地，大力开展技术示范、培训和宣传。农业部制定的《全国水稻生产机械化十年发展规划（2006～2015年）》提出到2015年水稻主要生产环节机械化水平达到70%以上，其中耕整地、种植和收获环节机械化水平分别达到85%、45%和80%，基本解决种植与收获两个环节机械化问题，有条件的地方率先实现水稻生产全程机械化，为2020年全国基本实现水稻生产全程机械化奠定基础。

提高单产、改善品质和提高种稻效益，实现优质、高产、高效、安全、生态的水稻生产。加快现有科技成果转化和水稻产业重大技术的科研攻关，加强优质低耗高产配套实用标准技术的研究与推广。加大农业生态环境治理与保护力度，发展有机、绿色、无公害生产，开展稻米农药残留和污染的风险评估，确保稻米食用安全。积极扶持发展各类水稻专业合作经济组织，稳步推进规模化经营，提高水稻产业组织水平。发展订单农业，支持各种稻米产销衔接活动，加快产销区建立稳定、和谐、健康的购销关系，引导和鼓励产业化龙头企业与主产区种粮大户、稻农建立利益共享、风险共担的合作关系。加强保鲜、贮存、加工技术与设备的研究，加大稻米加工龙头企业技术改造的力度，不断提高稻谷精深加工与综合利用水平。

4. 水稻生产发展展望

面对人口刚性增长和水稻生产存在的诸多制约因素，中国水稻生产必须走提高种植效益、提高大面积单产、稳定面积和改善稻米品质的发展道路。

第一，依靠政策。进一步完善现行的支农惠农政策，加大对稻农的政策性支持和保护力度，解决影响稻谷生产与稻农增收之间的深层次矛盾，切实提高植稻效益，调动和保护稻农生产积极性。

第二，依靠科技。科技创新与进步是水稻大面积单产水平提高和稻米品质改善之本。加大高产、优质、抗病虫、抗逆、肥水高效的水稻新品种培育力度，提高新品种综合配套生产技术水平，充分发挥新品种、新技术对水稻产业发展的支撑作用。

第三，依靠投入。加大工业反哺农业力度，构建起以政府投入为主导的多元化的农业投入体系。加大农业投入力度，加强农田基础设施建设，提高土地产出能力。中国水稻产业发展机遇与挑战同在，充分利用产业优势，采取有效措施解决存在的问题，实现水稻产业健康有序发展。

五、河南水稻的生长发育特点及逆境因子分析

（一）河南水稻的生长发育特点

1. 河南水稻的生育期与生育时期

水稻从播种到收获所经历的天数，叫生育期；从秧苗移栽到成熟所经历的天数叫本田（或大田）生育期。水稻生育期的长短因品种、环境条件的不同有很大差异，一般为80～180 d。水稻的一生可分为两个不同的生育阶段，即以生长茎、叶、分蘖为主的营养生长阶段和以长穗、长粒为主的生殖生长阶段，它们划分的界限是幼穗分化。

根据外部形态和新器官的形成，水稻的一生又可分为幼苗期、分蘖期、拔节孕穗期和结实期4个生育时期。营养生长阶段包括幼苗期和分蘖期。生殖生长阶段包括拔节孕穗期和结实期，是从幼穗开始分化（拔节）到稻谷成熟的一段时期。

（1）种子发芽和幼苗期　具有发芽力的种子在适宜的温度下吸足水分开始萌发。当胚芽和培根长大而突破谷壳时，生产上称为"破胸"或"露白"，当芽长达谷粒长度的1/2、根长大谷粒长度时，即为发芽。从发芽到3叶期是水稻的幼苗期。

（2）分蘖期　从第四叶伸出开始萌发分蘖到拔节为分蘖期。分蘖期又常分为秧田分蘖期和大田分蘖期，从4叶期到拔秧为秧田分蘖期，从移栽返青后开始分蘖到拔节为大田分蘖期。拔节后分蘖向两极分化，一部分早生大蘖能抽穗结实，成为有效分蘖；另一部分晚生小蘖，生长逐渐停滞，最后死亡，成为无效分蘖。

（3）拔节孕穗期　从幼穗开始分化至抽穗为拔节孕穗期。此期经历的时间较为稳定，一般为30 d左右。

（4）结实期　从抽穗开始到谷粒成熟为结实期。结实期经历的时间，因不同的品种特性和气候条件而有差异，一般为25～30 d。结实期可分为开花期、乳熟期、蜡熟期和完熟期。

2. 水稻的"三性"

（1）水稻"三性"的概念　水稻品种的感温性、感光性和基本营养生长性简称为水稻的"三性"。水稻品种的生育期长短由"三性"决定，是品种的遗传特性。

1）感温性。在适于水稻生长发育的温度范围内，高温可使生育期缩短，低温可使生育期延长，这种受温度高低的影响而改变生育期的特性称为水稻品种的感温性。

2）感光性。在适于水稻生长发育的温度范围内，短日照可使生育期缩短，长日照可使生育期延长，这种受日照长短的影响而改变生育期的特性称为水稻品种的感光性。

3）基本营养生长性。在最适的短日、高温条件下，水稻品种仍需经一个最短的营养生长期，才能转入生殖生长，这个最短的营养生长期，为基本营养生长期。反映基本营养生长期长短的差异的品种特性为基本营养生长性。在营养生长期中受短日高温缩短的那部分生长期为可变营养生长期。

（2）水稻"三性"在生产中的应用

1）在引种上的应用。从不同生态地区引种，必须考虑水稻品种的"三性"。由于不同纬度南北之间的光、温生态条件差异明显，相互引种应掌握生育期及产量变化的规律。北种南引其生育期缩短，会因营养生长量不足而造成减产。在适宜纬度范围之内引种，只要能保证其生长季节，引种就较容易成功。

2）在生产栽培上的应用。对"感温性"强的早熟品种，迟播时，温度高，生育期短，产量低；感光性强的晚熟品种，在热量得到满足的条件下，抽穗时间比较稳定，早播并不早熟，不延长生育期。

（二）逆境因子分析

1. 气候因子分析

河南地处中原，冷暖空气交流频繁，易造成旱、涝、低温、大风、沙暴以及冰雹等多种自然灾害。

影响河南省水稻的主要气候因子有以下几个方面：

（1）高温　高温的危害主要出现在孕穗期和抽穗扬花期，孕穗期如遇35℃以上连续高温，水稻花器发育不全，花粉不良，活力下降。抽穗扬花期则影响开花散粉和花粉管伸长，导致不能正常授粉，或花粉没来得及开放就枯死而形成空壳粒，即"花而不实"，高温还能直接杀死花粉。

（2）低温　低温对水稻的影响主要是在抽穗开花期造成颖花不育，空粒增加。

（3）大风　大风使水稻成片或成线倒伏，光合作用减弱，干物质积累减少，千粒重下降，导致减产或失收。

（4）洪涝　洪涝常冲毁稻田，低洼处积水造成涝灾，使水稻减产或失收。

（5）冰雹　冰雹使水稻植株损伤，抽穗扬花期影响扬花授粉，收割期使谷粒脱落，轻则减产，重则失收。

（6）花期阴雨寡照　三秋连阴雨影响水稻花期光照不足，光合作用受阻，碳水化合物积累与转移减少，颖花高度不孕，减产幅度大。出现频率为12% ~42%。

豫北沿黄稻区主要是水稻生长后期低温、阴雨寡照；豫南稻区主要是高温、洪涝。

2. 种植制度分析

河南水稻生产长期以来形成了南北分化的局面，豫北沿黄稻区习惯种植粳稻，豫南信阳等地区主要种植籼稻。豫南稻区几乎是杂交籼稻一统天下，零星分布的粳稻品种，品质虽好，但由于机插水稻面积小，产业化未形成产业链，未实现粳稻米的优质优价，粳稻种植面积增加缓慢。目前豫南的信阳、南阳、驻马店粳稻种植面积不足水稻常年种植面积的5%。然而，籼稻播种收获都较早，前期高温不利于水稻品质的提高，而后期的光温又浪费了。

稻田可持续生产能力问题突出。长期单一的种植制度造成连作障碍，土壤理化性质变劣，有害有毒物质增加；有机肥用量大幅度减少或不施，大量施用化肥，严重影响土壤结构与性状，肥料利用率低，耕地生产力逐年下降；原有的深耕松土与生物培肥措施废弃，土壤耕作层变浅，稻田土壤潜育化现象加剧，土壤保肥供肥能力与渗透性变劣。

3. 栽培技术分析

栽培技术研究滞后于水稻生产发展要求。近些年来对栽培技术研究投入少，重视程度不够，水稻生产技术的"跛足"现象已十分严重，栽培技术研究队伍散失，农民急需的适用生产集成技术严重缺乏，技术不到位，生产技术水平徘徊不前甚至下降。目前河南省大部分乡村仍采用老式育秧方法，存在着"四大"（即秧田大播量、大田大群体、大深水、大氮肥）、"四晚"（即晚育秧、晚插秧、晚发苗、晚成熟）问题。这样容易使苗期的秧苗瘦小、分蘖少，不利于壮秧的形成；无效分蘖增加，降低了有效分蘖率，恶化了稻田的生长小气候；容易引起后期冷害，不利灌浆，而且造成水稻贪青晚长，不利于下茬作物的种植生长。

4. 其他因素分析

尽管河南省水稻生产取得了很大进步，但目前仍然存在不少问题，影响和制约了水稻生产的进一步发展，一是品种选育和繁育工作滞后。沿黄稻区可供选择的优质高产抗性好的优良品种较少，品种更新换代较慢；豫南稻区外引品种较多，生产上品种使用存在多乱杂现象。二是水稻病虫害有逐年加重的趋势，而统防统治面积较小，与当前快速发展的水稻形势不相适应。其中豫北地区的条纹叶枯病尤为严重，还有稻飞虱；豫南地区的稻瘟病也是制约水稻产量提高的一个重要病害。三是豫北地区产业化发展规模较小，稻米精深加工能力不强，品牌效益差；豫南地区以籼稻为主，稻米品质较差，产业化水平较低。

六、河南水稻不同生育时期的管理关键与管理目标

(一) 秧苗期

管理目标：培育适龄壮秧。管理关键：晒种、选种、浸种、催芽、精做秧板、适期适量播种、合理管水、追肥、防治病虫。

1. 晒种

播种前将种子摊薄晒 2～3 d，提高种子发芽率和发芽势，减少病虫侵染源。

2. 浸种

浸种常与消毒结合进行。浸种有利于种谷均匀地吸足水分，当种谷吸收水量达到种子重的 30%～40% 时，米粒上的腹白和胚已清晰可见，有利于萌发。一般早稻浸种 3～4 d，晚稻浸种 2～3 d，外界温度高要勤换水，早春温度低也可用温水浸种，以缩短浸种时间。如用 1% 的石灰水浸种，不可将水面的石灰水膜搞破，以免影响杀菌效果。

3. 催芽

高温（35～40℃）破胸，适温（30℃左右）长芽，根芽齐长，芽长为种谷的一半，根长与种谷相等，整齐粗壮，双季早稻播种时气温低，根与芽的长度要长些，中稻气温高，根与芽的长度可短些，晚稻和后季稻，种谷只要破胸就可以。

4. 培肥秧田，精做秧板

秧田与大田面积的比例要根据季节、品种和不同叶龄移栽而定。适龄移栽条件下，早稻为 1:（8～10），中稻为 1:（6～8），杂交水稻为 1:10，晚稻和后季稻为 1:（4～5），后季稻二段育秧，秧田、寄秧田和大田的面积比例为 1:3:10 左右。秧田要选择土质松软肥沃，田平草少，避风向阳，排灌便利的田块。要耕翻晒垡，施足腐熟基肥，耙平耙细，秧板要干整水平，上虚下实，软硬适度。秧板宽 1.5～1.67 m，沟宽约 20 cm，周围沟深 20 cm。

5. 适期适量播种

根据温度、品种、茬口、栽插期及移栽时叶龄确定播种期、播种量。移栽时叶龄小，播量要大，移栽时叶龄大，播量要少。一般常年日平均温度稳定通过 12℃ 时即可开始播种。早稻和双季早稻如用塑料薄膜育秧或室内温室育秧，可在 3 月底至 4 月初播种，秧龄 35 d 左右，播量每公顷 1.5 t 左右；露地育秧，4 月中旬开始播种，秧龄 25～30 d，播量公顷 1 500～1 750 kg；中籼中粳（包括杂交稻）播种期要考虑抽穗扬花时避免 8 月上旬的高温，宜在 8 月中下旬抽穗，中籼稻约在 4 月底播种，秧龄 30 d 左右，播量每公顷 1 500 kg 左右，中粳稻秧龄 35 d 左右，播量每公顷 1 100 kg 左右，杂交水稻 5 月中下旬播种，秧龄 25 d 左右，播量每公顷 180～220 kg；单季晚稻 5 月中旬播种，秧龄 35～40 d，播量每公顷 900 kg 左右。

6. 科学管水

早、中稻播种后，保持秧板湿润，土壤通气性强，以利促进扎根立苗，一般掌握晴天满沟水、阴天半沟水、寒潮来临前夜间灌露心叶水、清晨立即排干水，2叶期后开始保持浅水层。塑料薄膜育秧，1叶期前密封保温，2叶期上水通风炼苗后再揭膜。

7. 追肥除草

播前1周可撒施除草剂，并保持1周左右薄水层，使杂草萌发，提高药效，出苗后要经常拔除稗草和杂草，齐苗后施用苗肥，每公顷硫酸铵60～80 kg撒施。1叶1心期适量施用断奶肥，每公顷用硫酸铵150 kg左右，以后看苗分次施用接力肥，移栽前2～4 d，根据秧龄，移栽时天气，拔秧或铲秧形式施好起身肥，用量硫酸铵每公顷150～300 kg。后季稻秧田应控制用肥，以免疯长。

8. 防治病虫

要及时防治绵腐病，立枯病（青枯、黄矮），稻瘟病，稻蓟马，稻螟虫，叶蝉。

（二）分蘖期

管理目标：足苗，早发，争足穗。管理关键：平整大田，施足基肥，合理密植，适时移栽，浅水勤灌，及时追肥，中耕除草，防治病虫。

1. 平整大田

耕耙必须做到使土层深、松、平、软，为水稻根系创造一个水、肥、气、热状况良好的土层条件。深耕必须根据土壤肥力，理化性状和水分状况等综合考虑，一般深13～20 cm为宜。

2. 施足基肥

基肥不仅能改良土壤，促使土壤熟土层加厚，保肥保水，而且利于水稻根系和分蘖生长。基肥要施足，肥料要腐熟，氮、磷、钾的比例为2:1:（2～4）。若用化肥作基肥，应在耕地时耕翻入土，以减少脱氮损失，延长供肥时间，保证秧苗早生快发。

3. 合理密植

合理密植，必须保证获得适宜的穗数和提高光能利用率为原则，并根据茬口、品种特性、气候、土质、施肥水平和秧龄长短确定栽插密度，早稻分蘖期短、分蘖期气温低，密度宜高一些，一般每公顷60万～80万穴，基本苗450万～550万，后季稻有效分蘖期极短，每公顷60万～80万穴，基本苗500万～600万；单季晚稻分蘖期气温高，有效分蘖期时间较长，每公顷700万穴左右，基本苗以300万左右为宜，中稻介于早、晚稻之间，每公顷4万～8万穴，基本苗以400万左右为宜；中稻晚栽每公顷60万穴，基本苗250万～450万苗；单季杂交水稻，一般每公顷 30 万 ~ 40 万穴，每穴 2 苗左右，基本苗每公顷 900 万 ~ 1 200 万。施肥水平高的栽插苗数可适当少些；反之，多些。

4. 适时移栽

掌握季节，适时移栽，增加大田生长期。常年日平均温度稳定在 15℃以上早籼稻即可移栽。后季稻的栽插期一般应保证移栽本田后到幼穗分化还能抽出 2 片叶以上，再迟栽影响生殖生长。用两段育秧栽期也不宜超过 8 月 10 日；中籼稻栽插期不过 6 月 15 日；晚粳稻栽插期在 6 月 20 日前；中粳稻晚栽应在 6 月底 7 月初；单季杂交水稻栽插期约在 6 月中旬。栽时要做到浅栽匀栽，栽插深度掌握在 3 cm 左右，早稻气温低，苗小栽浅一些，晚稻气温高，苗大栽深一些。浅插秧苗分蘖节位在 3 cm 左右的土层内，通气良好，土温较高，返青活棵快，分蘖早；栽插过深，分蘖节位在通气不良，营养状况差、温度低的土壤中，不仅返青活棵慢，分蘖迟，而且要在地下生节，生出"两段根"或"三段根"，影响分蘖发生。

5. 浅水勤灌

薄水栽秧、寸水活棵、浅水勤灌，提高土壤温度和通气条件，促根长蘖。每次灌水后，自然落干，田面水层耗尽时再上第二次水。对于通气不良，温度不易上升的冷性土，要争取晴天排水落干，通气增温，促进分蘖。对于大量施用未腐熟有机肥或低温患赤枯病的田要坚决排水烤田，排除硫化氢等有毒物质，以利通气扎根。对于早春移栽的双季早稻，如遇低温或昼夜温差大时，应夜间短期上深水保温。

6. 早施分蘖肥

分蘖肥要早施、足施。有效分蘖期越短，越要早施，如早稻和后季稻有效分蘖期短，应掌握栽后就施，分蘖肥的用量应占追肥量的 60% ~ 70%，一般施用硫酸铵每公顷 200 kg 左右，有效分蘖期长的中晚稻，分蘖肥可在栽后 10 d 左右施用。施肥次数和用量要根据苗情、地力而定，对于地力薄，基肥不足的弱苗要早施重施；肥田，基肥足的壮苗要轻些，以便在有效分蘖期内总茎蘖数达到预期穗数，一般用量占追肥量的 50% 左右，大约每公顷施用硫酸铵 100 ~ 150 kg。缺磷不发的僵苗，要配合施用磷、钾肥。

7. 中耕除草

栽后 10 d 左右，结合追肥进行中耕除草，追肥中耕后待自然落干再上水，以提高追肥中耕效果。稗草、牛毛草和鸭舌草等杂草危害严重的田块，栽后 3 ~ 5 d，秧苗返青，杂草萌发时，可使用除草剂，如 25%％除草醚 0.4 ~ 0.5 kg 拌细土 15 ~ 20 kg，于露水干后撒施，施药要均匀，并保持一周 6 cm 左右的水层。

8. 防治病虫

此期应当注意防治稻蓟马、稻纵卷叶螟、稻螟虫、黄矮病等病虫害。

（三）拔节期

管理目标：叶片挺秀，根系发达，壮秆大秆大穗。管理关键：及时晒田，控制无效分蘖，防治病虫。拔节期晒田是水稻种植的重要一环，通过晒田可控制稻株对氮的吸收，促进钾的吸收，调整禾苗的长势长相。同时控制无效分蘖，使部分高位小分蘖因脱水而死亡，巩固有效分蘖，提高成穗率。掌握晒田的时机非常重要，晒早了苗不够，晒迟了，无效分蘖多，对产量影响都很大。晒田的方法：到时晒田和够苗晒田法。到时晒田就是营养生长末期，幼穗分化开始时进行晒田。够苗晒田是每公顷苗数达到要求是开始晒田。一般达到每公顷 400 万～450 万苗时开始晒田。这样基本能保证每公顷 4 500 万～5 000 万穗。晒田的标准：田里稍硬（人走有脚印），禾苗叶色黄绿、叶子较挺，风吹沙沙作响；在田边看，禾苗中间高，四周低。生产上一般采取"苗到不等时，时到不等苗"的原种进行晒田，具体田块要根据禾苗的长势长相确定晒田的程度，一般长势过旺的田、肥田重晒，长势差的田、瘦田轻晒或仅仅是露田。

（四）孕穗期

管理目标：叶片挺秀，根系发达，壮秆大秆大穗，穗多粒饱，结实率高。
管理关键：浅水勤灌，施好穗肥，防治病虫。

1. 适时适度烤田

适时烤田有抑制无效分蘖，促使根系生长，控制中上部叶片和茎秆基部节间过度伸长，达到适期封行，提高光能利用，达到根强、壮秆、提高结实率的作用。烤田的适期应根据群体总茎蘖数和个体发育进程两个方面，即"苗到不等时，时到不等苗"的原则来确定，烤田应在倒四叶出现时，即是烤田适期。烤田适度，要达到叶片挺直，叶色褪淡，白根出现，田中不陷脚，田边细裂缝。田肥、苗足或泥土烂、排水不良的低洼田要适当重烤、早烤分次烤；对于地力差、生长量不够的田，可以适当轻烤；对于渗漏性强的田，为避免肥力脱劲或断水不发可不烤。

2. 施好穗肥

穗肥包括促花肥和保花肥两种情况，在幼穗分化开始时施用氮肥，以增加颖花数，称为促花肥，对于群体小，生长差，叶色偏淡，可适当使用促花肥。群体发展适宜，生长健壮，叶色较深，一般不宜使用。在雌雄蕊分化后期施肥，可防止颖花退化增加结实粒数，故称为保花肥，此期追肥以氮肥为主，结合磷、钾肥更好，在高产栽培中应特别重视保花肥的施用，保花肥的施用还应根据品种类型和当时长势长相而定，中、晚稻要施得重些，早稻要施得少些，后季稻谨慎施用，早熟早稻不施以免延迟抽穗。叶色偏深，长势较旺的则可轻施或不施，叶色偏淡，长势较差的则可重施，保花肥的用量一般硫酸铵每公顷 120 kg 上下，施用过少了不能达到保花增粒增重的效果，施用过多会增加抽穗期病虫害的危害。保花肥施用不宜过早，以免颖花分化过多，退化颖花也增加，空秕粒增加，同时，还会使节间伸长，中间叶片增长，增加倒伏危害，不利于安全齐穗，另外还会造成无效分蘖增多，封行过早，田间郁闭，光线不足，基部叶片落黄，易遭纹枯病等危害，千粒重降低。

3. 防治病虫

此期防治稻螟虫、稻纵卷叶螟、稻苞虫、纹枯病、白叶枯病和稻瘟病。

（五）抽穗开花期

杂交水稻从打苞开始到抽穗结束，对水极为敏感；这一时期对水的需求多，占全生育期需水量的 25%～30%，是水分临界期。尤其杂交中稻抽穗时节往往处在高温季节，此时应适当深灌水，提高田间湿度，降低温度，促使抽穗整齐和正常的扬花授粉。长期灌深水，不利于根系的生长，这时可白天灌深水，晚上排水露田以降温。如遇异常的高温天气还应喷洒清水，改善穗层小气候，减轻影响。

（六）结实期

管理目标：养根保叶，提高结实率及粒重。管理关键：巧施粒肥，湿润灌溉，选种留种，适时收获，防治病虫。

1. 巧施粒肥

抽穗后要努力保护叶片，延长其寿命，防止叶面积迅速下降，提高其光合效率。施用粒肥，提高叶片含氮量是结实期保叶的关键措施之一。粒肥施用量一般硫酸铵每公顷 37.5～75 kg；抽穗后叶片落黄有早衰趋势的中、晚稻田，齐穗后重施粒肥，施用硫酸铵每公顷 75～100 kg；叶色偏深的田块，粒肥可少施或不施。施用粒肥要搭配少量磷、钾肥，还可结合生长调节剂采用根外喷施，效果更显著。

2. 湿润灌溉

抽穗扬花期要保持一定的水层，灌浆成熟期间要间歇灌溉，以提高根系活力，直至蜡熟后期，切忌断水过早。注意养根保叶，防止早衰，保证灌浆结实饱满，减少空秕率。一般收割前 3～5 d 开始排水落干，便于收割。中稻抽穗期遇高温，后季稻抽穗期遇低温和徒长贪青苗，要保持土壤湿润，促进早熟。

3. 选种留种

留种田收获前要严格去杂，单收单脱，严防混杂，一级种子田选择生长清秀、株型反映本品种特性单株留种，为下一年留种田提供种子。

4. 防治病虫

此期要注意防治稻螟虫、稻飞虱、稻纵卷叶螟、纹枯病、白叶枯病等。

（七）成熟期

抽穗后，植株根系容易衰老，此时的管水原则是，在确保供水的条件下增加土壤通气机会，以气养根，养根保叶，延长根系活力，防止叶片早衰。具体的水分管理方法是间隔 5～6 d 灌水 1 次，然后让其自然落干，使大田干干湿湿以保持土壤通气而湿润，维持老根的活力，促进再发一次新根。保持功能叶进行有效的光合作用，增加千粒重。

学习任务二　河南水稻高产生产技术

一、育秧技术

（一）培育适龄壮秧

1. 壮秧的优点

壮秧根多而白，吸肥吸水能力强，能源源不断地供给地上部较多的养料和水分；壮秧的假茎（秧身）粗壮，维管束数量较多而大，养分、水分的运转畅通，利于地上、地下部营养物质的交换；壮秧的叶片发育比较充分，细胞组织比较坚实，光合作用强，产物丰富，对不良的外界环境条件有比较强的抵抗能力；壮秧移栽到大田后返青快，出叶顺利，分蘖早，分蘖发生多而节位低。

2. 壮秧的标准

秧苗生长均匀，高矮整齐一致，没有高低不齐的现象；苗挺有劲，叶片青绿正常，生长健壮，有光泽有弹性，叶色不过深过浅；假茎（秧身）粗壮，分蘖发生早、节位低，移栽时带一两个分蘖；根多而白，没有黑根，没有病虫害；秧龄适当，叶龄适宜，既不过老，也不过嫩；移栽后死叶死蘖少，返青快，出叶顺利，很快转入正常生长。

3. 育秧方式

目前常用的育秧方式主要有湿润育秧、旱床育秧和塑盘育秧三种。而湿润育秧是目前沿黄稻区所普遍采用的育秧方式，它改变了传统水育秧水播水育的方法，而是采用通气湿润秧床育秧，增加了秧田通气性，有利于根系生长，提高了成秧率，有利于培育壮秧，而且可培育出不同秧龄的壮秧。

（二）几种常用的育秧技术要点

1. 湿润育秧技术要点

湿润育秧又叫半旱育秧，主要的原理是秧苗前期田间保持干干湿湿，使秧苗根系充分发育以培育壮秧。在播种至扎根立苗前，秧田保持土壤湿润通气以利根系生长发育，扎根后至 3 叶期采用浅水勤灌，结合排水露田，3 叶期后灌水上畦，浅水灌溉。

（1）秧田的选择　一般选择地势平坦、背风向阳、土壤肥沃、排灌方便、杂草少、无病虫害、土壤肥沃、离大田较近的地方作秧田。

（2）苗床的整理　耕深 8 ~ 10 cm，将土块弄碎整平。做到秧田平坦、土壤疏松。秧田要施足底肥，增施适量腐熟农家肥或磷、钾肥。一般每公顷秧田施氮、磷、钾含量 25% 的水稻复合肥 600 ~ 750 kg 或施尿素 120 ~ 150 kg，钙镁磷肥 450 kg，氯化钾 75 ~ 150 kg。

（3）适宜播量及播种　同一品种移栽秧龄大的播量宜小，移栽秧龄小的播量可大。播种要均匀，以种子的 1/2 入泥为宜。每公顷秧田播种量为 150 ~ 200 kg，播后踏谷。用湿润育秧，杂交水稻每公顷大田一般需播种子 15 ~ 20 kg。

（4）秧田肥水管理原则

1）播种到 2 叶抽出。此期主攻目标是扎根立苗，防烂芽、提高出苗率。主要措施是湿润灌溉，保持秧沟有水，秧板湿润而不建立水层，直至 2 叶抽出，以协调土壤水气矛盾，以充足的氧气供应，促进扎根立苗。

2）2 叶到 4 叶期。关键是及时补充氮素营养，促进 3 叶期及早超重（秧苗干重超过原籽粒胚乳重量）、保证 4 叶期分蘖。主要措施有以下两点：一是早施"断奶肥"，"断奶肥"的数量要适当，以防止氮肥用量过多而造成氨中毒。一般每公顷施尿素 75 ~ 100 kg。二是逐步建立浅水层，2 叶期后秧苗叶片逐步增多、增大，蒸腾作用加强，叶和根系的通气连接组织已经形成，可建立水层以满足秧苗的生理和生态需水。

3）4 叶期到移栽。此期的主攻目标是提高移栽后的发根力和抗植伤力。主要措施有如下两点：一是看苗施好"接力肥"。二是施好"起身肥"。在秧苗叶色褪淡的基础上，于移栽前 3 ~ 4 d 施好"起身肥"。一般每公顷施尿素 75 ~ 100 kg。

2. 两段育秧技术要点

两段育秧将育秧阶段分为旱育小苗的培育和旱育小苗寄栽两个阶段。两段育秧前期小苗在温室或可保温的地池中保温旱育至 2 叶 1 心阶段，然后再寄栽于寄秧田，在寄栽田秧苗占有更多的空间。两段育秧的优点：早发性强，秧苗健壮，根系发达，抗逆性强，分蘖早，成穗率高，穗形大，产量高，且能提早成熟。另外用种量少，在适时提早播种时能避免"倒春寒"引起的烂秧问题，提早了豫南杂交稻制种播种季节，从而使杂交稻制种抽穗扬花期避开了立秋后的连阴雨天气，是杂交稻制种在豫南成功的关键之一。

（1）播种和旱育秧管理　豫南稻区春稻的播种期一般在 4 月 20 ~ 25 日，麦茬稻则一般在 4 月下旬播种，这时日平均气温在 12℃ 以上，可不采用保温措施，当播种时间提早至 4 月 10～12 日，这时则必须采取下述的保温育小苗的方法培育旱育小苗。

（2）温室无土育小苗　温室无土育小苗是两段育秧利用温室培育小苗的一种方式，在豫南农村也可利用现成的小型土温室如蔬菜温棚、雏鸡孵化温棚等进行无土小苗培育。具体做法是：用竹片编制成简易的秧盘，上铺塑料薄膜，将催好芽的种子摊在秧盘上，放入温室内。温室内置煤灶加温。

（3）温室的管理　注意保持温室内的温、湿度，室内温度保持在 25～28℃，相对湿度 80%～90%；如温度过低，可在室内用煤灶烧水加温。在温室内 7 d 左右，待小苗 1 叶 1 心时，炼苗 1 d 便可栽植。

（4）地池育小苗　地池育小苗是两段育秧培育小苗的另一种方法。地池育苗的秧龄弹性较大，播量较小时，可延长在苗床生长的时间，移栽有较大的灵活性。具体方法是选择背风向阳、地势平坦、土壤肥沃、管理方便的地方，如房前空地、菜园等向阳处，按东西走向做成宽约 1.3 m 的地池，长度依种子量而定，但最多不超过 20 m，以利后期通风降温。苗床整平后，上面再铺上 3～4 cm 厚的肥土，可用腐熟的土杂肥与细土混匀做成，或用肥土与河沙按 1∶1 的比例拌匀，或直接用塘泥。将催好芽的种子均匀撒入，一般 1 m² 播种子 0.5 kg 左右，盖上过筛土或细沙，用喷雾器或喷壶浇透水（水不再下渗，表面有积水）。然后用竹片作拱架，再盖上薄膜，四周压实，薄膜上用绳子固定牢，膜内挂温度计。

（5）地池苗床管理　播种后要注意苗床膜内温度的变化，特别是晴天中午前后，现青前膜内温度以 35～38℃ 为宜，不能超过 40℃ 现青后控制在 25～30℃，温度高时揭开地池两端的薄膜通风降温，一般晴天上午将地池两端揭开小口通风，下午 4 点左右气温开始下降时把膜盖好以保温。播后 7～10 d，小苗 1 叶 1 心到 2 叶期时寄栽，寄栽前 2 d 要揭膜炼苗。

（6）寄秧田的管理　寄秧田选择和整理：寄秧田要选择土壤肥沃、排灌方便的田块，离大田要近或直接在大田的一角，以方便秧的搬运。提前 15 d 翻耕晒垡，一般要三犁三耙，最后一次耕地时施尿素 10 kg、钙镁磷肥 30 kg，或施氮、磷、钾总含量为 25% 的复合肥 40 kg 左右。寄栽前 2～3 d 将田耕整平，做到泥烂地平，达到田面高低不差寸，寸水不露泥。

（7）小苗的寄栽　春稻一般按 4.5 cm×6 cm 的密度寄栽，每穴插 2 粒谷的苗，按 1.5 m 宽做厢。麦茬稻由于一般寄秧田里秧龄较长，长的达 40 d，因此寄栽的密度要稍稀一些，一般 6 cm×10 cm。以达到在寄秧田里有足够的分蘖（每穴 7～8 个），控制大田分蘖，实现高产。

（8）寄秧田的管理　寄秧一般秧根带泥，栽时以秧苗站稳为宜，栽后 1～2 d，厢面不上水以促进扎根，活棵后灌浅水（约 1 cm），缺水时以细流灌溉。施肥促进秧苗分蘖，每公顷施尿素 60～80 kg。注意病虫害的防治。插秧前 5～7 d 每公顷施

75 ~ 100 kg 的尿素作"送嫁肥",并注意不要断水,以防扎根过深,拔秧时断根,不易拔秧。两段秧分蘖力强,一般抛秧后 5 d 开始分蘖,插秧时(约 25 d 后)可达 5 个蘖,一般比普通的水育秧要多 2 个蘖,秧苗素质更好。

3. 旱育秧技术要点

(1) 苗床准备　床址要选择在地势高、下雨不积水、浇水管理方便的地方,保证整个育秧期处于旱地状态;苗床土壤要达到"肥、厚、松"的要求,结构良好,保肥、蓄水、保墒能力强,土壤宜弱酸性;旱秧追肥的效果差,主要靠基肥,要重视苗床培肥,以有机肥和家畜粪肥为主。播种前 20 d 施用速效氮、磷、钾肥于 0 ~ 10 cm 表土中;水稻为喜弱酸作物,土壤适宜的 pH 为 6 ~ 7,根系生长的适宜 pH 为 4.5 ~ 5.5。

(2) 旱秧的适宜播量　和同龄的湿润秧相比,旱秧的苗体较小,且适宜的叶龄较低(6 叶以下),播量可稍密。粳稻品种 3 ~ 4 叶龄移栽的塑盘穴播小苗,苗床与大田比为 1:(40 ~ 50),播量每公顷一般为 1 800 ~ 2 200 kg;5 叶期移栽的中苗,秧大田比为 1:(30 ~ 40),苗床播量一般每公顷为 1 400 ~ 1 800 kg;6 叶龄的秧苗,秧大田比为 1:(20 ~ 30),播量一般每公顷为 900 ~ 1 400 kg。

(3) 旱秧的秧田管理　一是播种及播后管理。播种前苗床要喷水,使 0.5 cm 的表土层处于水分饱和状态。播后用木板将芽谷轻压入土,并盖上准备好的床土(0.5 ~ 1 cm),覆盖后喷水,并施用除草剂和杀虫剂。以后随时注意保温保湿,如遇日均温大于 20℃时,应在秧苗上方加盖遮阴物。二是苗期的水分管理。播种到齐苗阶段,保持土壤相对持水率 70% ~ 80%,播种后 4 ~ 5 d 即可齐苗。播前一次浇透底墒水,及时盖膜可保湿至齐苗。齐苗至移栽阶段,应以控水健根、壮苗为主。1 ~ 2 叶期的幼苗蒸腾量少,只要底墒足,一般对水分反应不敏感。2 ~ 3 叶期秧苗,叶面积增大而根系尚不健全,对水分亏缺反应敏感,常出现卷叶死苗。4 叶期后的中、大苗,根系比较健壮,对土壤水分亏缺的反应不敏感。因此,在齐苗揭膜后(2 ~ 3 叶期),即需喷浇一次透水,达到 5 cm 土层水分饱和,以弥补土壤水分的不足。4 叶期至移栽前,必须严格控水,即使床面开裂,只要中午叶片不打卷,就不必补水。同时要清理田间排水沟系,保证下雨秧田无积水,防止旱秧水害,失去旱秧优势。对中午卷叶的旱秧,可在傍晚喷水,使土壤湿润即可。在秧苗追肥方面,旱育秧床土培肥达到要求的,一般不需追肥。苗床培肥达不到标准的,要重视追肥,但追肥的效果不如基肥好。在必须追肥时,一般在 3 叶期(2 叶 1 心)施用的效果较好。每公顷施尿素 150 ~ 200 kg,过磷酸钙 300 kg,氯化钾 75 ~ 100 kg,混合施用。必须把混合肥兑成 1% 的肥液,与下午 4 点后均匀喷施,以提高肥效。干肥撒施,容易造成肥害。

二、秧苗移栽技术

（一）移栽的方法

1. 手工拔秧插秧

手工拔秧插秧是最传统最普遍的栽秧方法，适宜各种育秧方式的秧苗栽插。此法拔秧时损伤大，应注意提高拔秧和栽插质量。

2. 人工铲秧栽插

人工铲秧栽插是将秧苗根部 1～1.5 cm 厚的表土同秧苗一起铲成秧片，带土插入本田。这种移栽方法适用于旱育秧、小、中苗秧，具有提早插秧、缓苗快、分蘖早、抗逆强等优点。

3. 机插秧

机插秧是实现水稻生产机械化的主要环节，也是提高劳动生产率、降低成本、扩大经营规模、促进水稻生产发展的重要措施。机插秧适宜各种育秧方式的秧苗栽插，具有工效高、成本低、劳动强度低等优点。

4. 抛秧

抛秧是利用秧苗带土重力，通过抛甩使秧苗定植本田的栽插方法，适宜塑料软盘育苗、定距播种秧苗的栽插，具有工效高、产量高、成本低、劳动强度小等优点。

（二）移栽秧龄

据秧苗类型，在当地安全移栽期内，适时早移栽。早杂在早春播种，秧龄控制在 30 d 左右，不超过 35 d。晚杂秧龄控制在 25～30 d 较好，最迟不能超过 35 d。在豫南春稻一般在 4 月 20～25 日播种，5 月底移栽。两段育秧在旱秧阶段薄膜覆盖，可适当提前播种，可提前 1 周左右。秧龄一般控制在 30～35 d，麦茬稻有时要等地，秧龄可延长至 40 d，但注意在寄秧时要加大密度，不能插得太密。

（三）移栽密度

杂交中稻每公顷一般插 20 万～30 万穴，每穴 1～2 粒谷的苗，共 90 万～150 万基本苗，插植规格可参照 20 cm×26 cm 的规格。豫南稻区现在一般都插得过稀，很多田块都稀至每公顷 20 万穴以下，有的甚至低至 15 万穴，导致基本苗过少，严重影响产量的提高，这是值得注意的问题。根据品种特性、土壤肥力和管理水平的高低适当调整栽插密度，肥田早插田可以稀一些，瘦田、迟插田可以密一些。杂交早稻每公顷一般插 35 万穴和杂交晚稻每公顷一般插 30 万穴，每穴 1～2 粒谷的苗。

（四）移栽规格

水整地后稍沉实再插，一般地耕整好后第二天插秧，不可随整地随插秧，以免秧苗下陷，影响秧苗生长、分蘖。插秧时要当天拔秧当天插完，不要插隔夜秧，减少植伤；浅插，以利禾苗早生快发。插秧时田里放浅水。插秧时要做到插得浅（不超 1.5 cm），插得直（行直、秧苗插得直立，拉绳插），插得匀（每穴苗数均匀），插后及时灌深水，以不淹没秧心为准，以利秧苗恢复。

（五）适时早栽，提高栽插质量

适时早插可充分利用生长季节，延长大田营养生长期，促进早生快发，早熟高产。适时早插要根据温度、前作、品种而定。一般以日平均气温稳定通过 15℃ 以上作为早播适期，注意提高移栽质量，插秧要做到浅、匀、直、稳，栽插深度一般不超过 3 cm。

三、本田管理

（一）返青分蘖期的田间管理

1. 生育特点

水稻从插秧到分蘖终止期为返青分蘖期。此期以营养器官生长为中心，是决定穗数的关键时期，也是为大穗、多穗和最后丰产奠定基础的时期。

2. 主攻目标

缩短返青期，有效分蘖期争取早分蘖，无效分蘖期要控制无效分蘖，拔节始期叶色出现拔节黄。

3. 田间管理技术

（1）查苗补缺，保证全苗

（2）调节灌溉水层　适当深水保苗返青，浅灌促分蘖，晒田抑制无效分蘖，提高成穗率，达到根强株壮，蘖足穗多。

（3）早施、重施分蘖肥　应在插秧后 5 ~ 7 d 施肥，每公顷施硫酸铵 800 kg，硫酸锌 20 ~ 30 kg。

（4）中耕除草　一般进行 2 ~ 3 次中耕除草；返青后及早中耕，以后 7 ~ 10 d 中耕一次，最后一次在分蘖盛期进行，深度 3 ~ 5 cm。化学除草在插秧后 5 d 左右进行，每公顷用 50% 杀草单 6 kg。

（5）防治二化螟、三化螟　可用 25% 杀虫双水剂，每公顷 3 ~ 4 kg，兑水 750 ~ 1 000 kg 喷施。防治稻飞虱可用 25% 扑虱灵可湿性粉剂，每公顷 3 ~ 4 kg，兑水 750～1 000 kg 喷施。在稻纵卷叶螟 2 龄高峰期，每公顷用25%杀虫双水剂7.5～10 kg，兑水 750～1 000 kg 叶面喷施。

（6）防治稻瘟病　选用抗病品种，加强肥水管理。化学防治用20%或75%三环唑，在叶瘟初期或始穗期叶面喷雾。

（二）拔节孕穗期的田间管理

1. 生育特点

水稻从拔节、幼穗开始分化到抽穗前为水稻拔节孕穗期。此期一方面以茎秆生长为中心，完成最后几片叶和根系等营养器官的生长；另一方面进行以幼穗分化为中心的生殖生长。此时既是保蘖、增穗的重要时期，又是增花增粒、保花增粒的关键时期，也是为灌浆结实奠定基础的时期。这段时期是水稻一生中干物质积累最多的时期，需水肥最多的时期，也是对外界环境条件敏感的时期。

2. 管理目标

促进株壮蘖壮，提高成穗率，在此基础上促进幼穗分化，争取穗大、粒多。

3. 田间管理

（1）巧灌穗水　一般情况下不断水，以浅水勤灌为主。拔节初期应轻度晒田，控制茎部节间伸长，防治后期倒伏；抽穗前落干透气，提高根系活力，促使抽穗整齐。

（2）巧施穗肥　在土壤肥沃，基肥足，长势旺，没有出现拔节黄的情况下，可不施穗肥；对生育期长的品种，肥力低的稻田，要施穗肥，每公顷施硫酸铵50～100 kg。

（3）病虫害防治　纹枯病：病情盛发初期，每公顷喷施井冈霉素 80～150 克；防治水稻白叶枯病，每公顷用20%的叶青双可湿性粉剂 1～1.5 kg。对稻纵卷叶螟、稻飞虱、二化螟和稻瘟病的防治见分蘖期。

（三）抽穗结实期的田间管理

1. 生育特点

水稻从抽穗到成熟为水稻抽穗结实期。此期的生长中心由穗分化转为米粒发育。生理代谢以碳代谢为主，光合产物主要输向籽粒。

2. 管理目标

养根保叶，防止早衰、贪青、倒伏，以保穗、攻粒、增粒重。

3. 田间管理

（1）间歇浅灌　在抽穗期可灌深水，以水调温。抽穗后应保持 3 cm 左右的浅水层。开花后间歇浅灌，乳熟期"湿湿干干"，以湿为主；蜡熟期"干干湿湿"，以干为主。

（2）酌施粒肥　每公顷用尿素 15 kg 加磷酸二氢钾 3 kg，兑水 750～1 000 kg 叶面喷施。

（3）防治病虫害　虫害有稻纵卷叶螟、稻飞虱等，主要病害有穗颈瘟、白叶枯病、纹枯病等，防治方法同分蘖期。

四、适时收获

当黄熟谷粒达到 95% 时，要及时收获，防止养分倒流。收获过早，青米、碎米多，产量和品质都差；收获过迟，落粒损失增大。收割要细、快、净，割茬低，轻割轻放，日晒 3～6 d，捡净捆齐。收获后的稻谷要及时晾晒至安全贮藏含水量，以免霉烂、变质。

知识链接一："黄金大米"事件

2012 年 8 月，美国塔夫茨大学汤光文等在《美国临床营养杂志》发表了题为《"黄金大米"中的 β-胡萝卜素与油胶囊中 β-胡萝卜素对儿童补充维生素 A 同样有效》的研究论文，引起了社会的关注。该论文的主要作者为美国塔夫茨大学汤光文、湖南省疾病预防控制中心胡余明、中国疾病预防控制中心营养与食品安全所荫士安和浙江省医学科学院王茵。

美国塔夫茨大学汤光文主持的"儿童植物类胡萝卜素维生素 A 当量研究"项目于 2002 年 12 月由美国国立卫生研究院（NIH）糖尿病消化道和肾病研究所批准，荫士安是该项目申请的成员之一。项目内容是研究菠菜、金水稻（俗称"黄金大米"）和 β-胡萝卜素胶囊中的类胡萝卜素在儿童体内的吸收和转化成维生素 A 的效率，探索预防儿童维生素 A 缺乏症的途径。

项目执行期为 2002 年 2 月至 2007 年 2 月，后延长至 2009 年 8 月。2003 年 9 月，荫士安以课题中国部分项目负责人的身份，与浙江省医科院签订了美国 NIH 课题合作协议书。塔夫茨大学于 2004 年 8 月与浙江省医科院签订合作研究协议备忘录，合作项目负责人是汤光文，中方负责人是荫士安和王茵。2004 年 10 月浙江省医科院聘荫士安为客座研究员。2008 年，该项目被转移至湖南省衡阳市衡南县现场，与荫士安在该地开展的国内项目"植物中类胡萝卜素在儿童体内转化成为维生素 A 的效率研究"合并进行。为开展国内的研究项目，中国疾控中心营养食品所与湖南省疾控中心签订了"植物中类胡萝卜素在儿童体内转化成为维生素 A 的效率研究"的课题合作协议书，并确定衡南县江口镇中心小学为项目点。随后，浙江省医科院与湖南省衡南县疾控中心签订了"植物中类胡萝卜素在儿童体内转化成为维生素 A 的效率研究"的课题现场试验合作协议书，但未明确告知实验将使用转基因大米或"黄金大米"，现场设在江口镇中心小学。

2008 年 5 月 20 日至 6 月 23 日，含"黄金大米"实验组的试验在湖南省衡南县江口镇中心小学实施。试验对象为 80 名儿童，随机分为 3 组，其中 1 组 25 名儿童于 6 月 2 日随午餐每人食用了 60 克"黄金大米"米饭，其余时间和其他组儿童均食用当地采购的食品。

"黄金大米"米饭系由汤光文在美国进行烹调后，未按规定向国内相关机构申报，于 2008 年 5 月 29 日携带入境。6 月 2 日午餐时，汤光文等人将加热的"黄金大米"米饭与白米饭混合搅拌后，分发给受试儿童食用。

2008 年 5 月 22 日，课题组召开学生家长和监护人知情通报会，但没有向受试者家长和监护人说明试验将使用转基因的"黄金大米"。现场未发放完整的知情同意书，仅发放了知情同意书的最后一页，学生家长或监护人在该页上签了字，而该页上没有提及"黄金大米"，更未告知食用的是"转基因水稻"。

2008 年 6 月 2 日，塔夫茨大学伦理审查委员会通过了对 NIH 项目中文版知情同意书的伦理审批，而项目负责人未按规定，于 5 月 22 日提前开展了受试对象知情同意工作。塔夫茨大学于 2008 年批准的该研究知情同意书中未提及试验材料是"转基因水稻"，只是称为"黄金大米"。该大学伦理审查委员会在 2003~2006 年间批准的该研究知情同意书中均有"黄金大米"是"转基因水稻"的描述。

项目在实施时，汤光文、荫士安和王茵作为项目负责人未在现场履行告知义务，在试验期间始终没有告知当地主管部门和项目承担单位开展的是"黄金大米"试验；在与学生家长签署知情同意书时故意使用"富含类胡萝卜素的大米"这一表述，刻意隐瞒了使用"黄金大米"的事实。

　　根据调查情况认定：项目所用"黄金大米"从境外带入时未经申报批准，违反了国务院农业转基因生物安全管理有关规定。项目在伦理审批和知情同意告知过程中，刻意隐瞒了试验中使用的是转基因大米，没有向学生家长提供完整的知情同意书，违反了卫生部《涉及人的生物医学研究伦理审查办法（试行）》规定以及科研伦理原则，存在学术不端行为。项目主要当事人在接受有关部门调查项目实施情况时，隐瞒事实并提供虚假信息，严重违反科研诚信。

　　资料来源：http://www.chinacdc.cn/zxdt/201212/t20121206_72794.htm

知识链接二：中农办韩俊"转基因大有前途，中国不能落伍"

　　国务院新闻办公室定于2015年2月3日上午10时在国务院新闻办新闻发布厅举行新闻发布会，请中央农村工作领导小组副组长、办公室主任陈锡文，中央农村工作领导小组办公室副主任韩俊解读《关于加大改革创新力度加快农业现代化建设的若干意见》有关情况，并答记者问。

　　彭博新闻社记者：能否谈一下今年转基因的政策和具体的工作方向？

　　韩俊：中国现在已经批准进行商业化种植的转基因作物主要是棉花和木瓜，现在棉花基本都是转基因的了。同时，我们批准进口了一些国外的转基因的农产品，主要是大豆、包括油菜籽、棉花、玉米，主要是大豆。我们去年进口的大豆超过 7 100 万 t，大部分都是转基因的大豆。

　　今年的中央一号文件对转基因的问题有一句表述，就是要加强农业转基因生物的研究安全管理和科学普及，加强农业转基因生物技术的研究，这一点是我们一贯的政策，因为转基因可以说是大有发展前途的新技术、新的产业。可以说中国在转基因的研究领域，我们起步还是比较早的，我们有很好的一支科学家队伍，虽然我们总体上是跟世界发达国家的水平在研究方面存在明显的差距，但是在有些领域我们可以说是处在世界领先的水平。特别是关于转基因水稻和玉米的研究，可以说是处于领先的水平。我们是支持科学家要抢占农业转基因生物技术的制高点，中国作为 13 亿人的大国，人多地少，农业发展面临的环境资源约束越来越强，在转基因生物技术的研究方面我们不能落伍，这一点是明确的。

今年中央一号文件提出要加强农业转基因生物安全的管理，这一点也是中国一贯的政策。中国从自己的国情出发，借鉴国际经验，可以说我们已经建立了跟国际接轨的农业转基因生物技术安全管理的法律法规体系、技术规程体系和政府的行政管理体系。这一套体系可以说覆盖了转基因从研究、试验、生产、加工、进口许可到产品标识的各个环节，可以说在中国所有的活动、所有的行为都是有法可依的，都是有章可循的。如果没有经过批准，私自来制作、私自种植，这肯定是违法的。我们的行政主管部门只要一发现，肯定是要依法给予严厉的处置，这是毫无疑问的。

因为今年的一号文件已经发布，昨天我看媒体包括网络上大量的在关注一号文件的一些热点，其中关注的一个问题：加强农业转基因生物技术的科学普及。转基因，我们首先应该承认它是一个科学问题，我们不搞研究的，可能就知道一点皮毛，也只能去看一些科学家的文章，了解一些基本的知识。我们未见得对它的来龙去脉了解得这么准确，但是转基因确实是非常敏感的全社会关注的问题，它是老百姓在日常生活当中关注的一个热点问题。

科学问题有时候会变成一个社会问题，你看像媒体报道，甚至到菜市场、食品店里问一个消费者，一问转基因，有的人会谈转基因色变。为什么要强调加强转基因技术的科学普及呢？就是希望我们要让社会公众也包括媒体要全面客观、原原本本的对转基因的技术来龙去脉、发展的历史现状以及它的特性和安全性、存在的风险，包括对我们现在中国的这一套安全管理体系，也包括其他国家的转基因生物技术的安全管理体系能有一个比较清晰的、比较全面的了解。要揭开转基因技术神秘的面纱，在尊重科学的基础上，能够更加理性地看待转基因技术和转基因的产品。中国作为一个大国，有一点是明确的，我们中国的农业转基因产品的市场不能都让外国的产品占领。

资料来源：http：//www.moa.gov.cn/ztzl/zjyqwgz/zxjz/201504/t20150427_ 4564392.htm

思考与练习

1. 影响河南省水稻生产的主要气候因子是什么？
2. 分析水稻与小麦在饮食上的竞争。
3. 试分析当地水稻生产的优势与劣势。

模　块　五
大豆

【学习目标】

　　1. 了解河南大豆生产概况、生态区划、种植模式、产量构成要素等基本知识以及河南大豆生产中存在的问题。

　　2. 掌握大豆的生长发育特点、逆境因子应对措施，不同生育期的管理关键及病虫害防治技术。

　　3. 熟悉夏大豆高产生产技术要点。

　　大豆是中国重要的粮食作物。2013 年，中国豆类播种面积 920 多万 hm^2，占中国粮食作物播种面积的 8.2%。河南豆类播种面积 50 多万 hm^2，占全国豆类播种面积的 5.5%。

　　2013 年中国豆类总产量 1 595 万 t，河南总产量 78.8 万 t，占全国豆类总产量的 4.94%。豆类单产略低于全国平均水平。河南种植的大豆主要是夏大豆。

学习任务一　河南夏大豆生产概况

一、大豆生产在河南的地位

　　大豆起源于黄河流域，距今已有约 5 000 年的栽培历史，它是中国传统的粮食作物，到现代又发展成为一个重要的油料作物。

1. 大豆含有丰富的蛋白质和脂肪

　　河南大豆一般蛋白质含量 40% 左右，多的达 45%，脂肪含量 18% 左右。大豆籽粒中的蛋白质不仅含量高，而且品质好，其氨基酸成分中含有 8 种人体必需的氨基酸，以赖氨酸最为丰富。因此与其他植物蛋白质相比，大豆蛋白质最为理想。

2. 大豆不仅可以直接食用，还可加工成各种豆制品

河南人民经常食用的豆腐、豆腐脑、豆腐干、腐竹、豆芽、豆浆等都是营养丰富、味美可口的豆制品。近年来新的豆类加工成品不断出现，如人造肉、豆浆晶等深受人民喜爱。

3. 豆油是中国东北、华北地区的主要食用植物油

豆油中油酸、亚油酸、亚麻酸三种不饱和脂肪酸含量约占87.7%。豆油不含胆固醇，长期食用有防止因胆固醇增高而引起高血压及心血管、脑血管疾病的功效。

4. 大豆的碳水化合物中，主要有蔗糖、糊精、淀粉等

大豆中还含有丰富的矿物质和多种维生素。矿物质中钾含量最多，其次是磷、镁、铁、钙等；维生素主要有维生素 B_1、维生素 B_2、维生素 A 和维生素 E 等。

5. 在食品工业方面，大豆用途十分广泛

据统计，含有大豆蛋白质的食品已达 12 000 种。如豆腐、豆酱、腐竹以及以大豆为原料生产的高营养的维他奶粉、浓缩蛋白、分离蛋白、组织蛋白、脱脂大豆粉等。

6. 大豆还是重要的工业原料，在工业上用途很广泛

据不完全统计，用大豆制成的轻工产品已有 400 多种。如飞机和汽车的喷漆、高级润滑油、印刷油墨、人造橡胶、瓷釉、甘油、肥皂等。在医药工业上，可作为多种药物的掺加剂、静脉注射的乳化剂和营养增补剂。

7. 大豆茎叶中含有丰富的养分

大豆中含蛋白质 3.4%、脂肪 1.5%，是家畜的优质饲料，还可青贮、青饲，也可收籽后将茎、豆荚、干叶粉碎后干饲。此外，大豆榨油后的豆饼含蛋白质 42.7%~45.3%、脂肪 2.1%~7.2%，是营养价值很高的精饲料。

另外，大豆是豆科植物，与根瘤菌共生，根瘤菌可以固定空气中的游离态氮素，除一部分供给植株生长发育需要外，其余氮素遗留在土壤中，从而增加土壤氮素含量，培肥地力。因此，大豆是很好的养地作物，在中低产区效果更显著。群众说"大豆茬，赛旱垡""大豆能肥田，一年管两年"。因此，大豆在农作物轮作中占有重要地位。

二、河南夏大豆的生产概况

中国大豆分布很广，除青藏高原和内蒙古牧区高原以外，均有大豆栽培。根据大豆的品种类型、耕作制度和自然条件大致可分为五个产区，即北方春大豆区、黄淮海夏大豆区、长江流域夏大豆区、南方秋大豆区和华南冬大豆区。

河南省属于黄淮海夏大豆区，全省各地都有大豆种植，主要分布在京广线以

东、淮河以北的黄淮平原上；其次是南阳盆地，豫西山区和淮河以南只有零星种植。1985年河南省农技总站根据自然条件和栽培技术的要求，将全省大豆划分为豫北平原产区、豫中东平原区、淮北平原产区、南阳盆地产区、豫西丘陵山区5个大豆生产区。

河南省是中国夏播大豆的主产省份之一，历史上栽培面积很大。近些年来，由于作物布局进一步调整，玉米栽培面积扩大，大豆栽培面积有所减少；同时，由于对大豆生产也不够重视，大豆多种植在边远薄地，加之投工少、投肥少、耕作管理粗放，又受到自然灾害影响，单产一直很低，直到1990年河南大豆单产才达到1 350 kg/hm^2。

河南省大豆生产地区间差距较大，同一地区之间产量水平差别也很大，既有每公顷3 000 kg以上的高产典型，也有每公顷产量不足750 kg的低产。最近几年大豆高产开发出现了每公顷单产3 000 kg的大面积丰产样板，小面积单产3 750 kg的高产田也多次出现。因此，大豆生产具有很大潜力，只要重视大豆生产，增加投入，科学栽培，选用优良品种，大面积产量可以得到较大幅度的提高。

三、河南夏大豆生产中存在的问题及发展的趋势

（一）存在的问题

1. 品种选用不对路

不少农民选用品种时，仍未根据当地的气候特点、地力水平和肥水条件等合理选用适合本地种植的品种。部分农民长期选用自留品种，往往只顾种植成本，不管产量高低，有时看到别人种什么自己就种什么品种，不能结合自己的生产实际选种。

2. 施肥不合理

水肥投入不合理，施肥水平偏低，施肥总量不够，肥料利用率低，肥料以氮素化肥为主，磷、钾肥及微量元素肥料投入少，养分不平衡。

3. 种植密度不合理

一是密度偏低，达不到目标产量要求的每公顷株数；二是管理粗放，播种出苗后不间苗、不定苗，造成密度过稀或过稠影响产量。

4. 病虫草害发生严重、自然灾害频发

夏大豆生长季节，高温多湿、病虫害时有发生，有的年份还十分严重。近年来苗期干旱，夏末秋初的风、雨灾害和后期干旱也时有发生。

5. 产出投入比低

生产成本高，机械化生产水平低，劳动强度大，工作效率低。

（二）解决问题的关键技术措施

- 推广高产优质大豆新品种，加快品种的更新换代，提高产量。
- 适当增施有机肥和磷、钾肥，实行配方施肥。
- 合理密植、加强田间管理。大豆出苗后，要根据苗情适时间苗、定苗，剔稠补稀，使每公顷株数达到目标产量要求株数。
- 加强大豆病虫害的综合防治，提高防治效率。
- 提高大豆生产机械化水平，提高劳动效率，降低劳动成本。
- 搞好农田水利基本设施，增强玉米抗旱排涝能力，提高玉米的产量。

（三）大豆生产发展趋势

河南省大豆生产技术面临着三大转变，即手工生产向机械化生产转变，小农生产向规模化生产转变，以高产为生产目标向高产高效目标转变。

四、河南夏大豆的种植模式

河南夏大豆高产栽培不仅要有适宜的品种、密度等，而且还要有适宜的种植模式。生产上常用的种植模式主要有两种：复种轮作和间作套种。

（一）复种轮作模式

大豆不宜种重茬和迎茬，也不宜种在其他豆科作物之后。大豆重茬迎茬种植，植株矮小，生育迟缓，病虫害严重，荚少粒小，减产显著。因此，搞好大豆的合理轮作是提高产量的重要措施。

河南省一般地块都是冬小麦与夏作物一年两熟制的种植方式，其轮作方式主要有：小麦－夏大豆→小麦－夏玉米→小麦－芝麻；小麦－夏大豆→油菜－夏玉米（甘薯）→小麦－夏谷子；小麦－夏大豆→小麦－夏甘薯→冬闲－棉花。其中，大豆单作时多采用等行距种植，高肥水地块可采用宽窄行种植。

1. 等行距种植

等行距种植适用于地力条件和栽培条件较差、限制产量的主要因子是肥水而不是光照的地块。等行距一般行距为 40 cm 左右，圆叶型大豆可宽些，狭长叶型大豆可窄些。

等行距种植可以使植株分布均匀，根系可以较充分地吸收土壤中的养分，地上部分的茎叶可以充分利用光能。但是，在高肥水密度大的地块，叶面积达最大值后，行间由于行距均匀，易形成郁闭现象，群体与个体之间矛盾激化，使光能利用率下降，产量降低。

2. 宽窄行种植

宽窄行的植株在田间分布是相对不均匀的，在生育前期对地力和光能利用较差，在生育后期，因宽行行距较大利于通风透光，即使有较大的叶面积系数，下部叶片仍能得到较强的光照，群体与个体能较协调地发展。宽窄行种植宽行一般50 cm 左右，窄行 30 cm 左右，圆叶型可宽些，狭长型可窄些。

（二）间作套种模式

作物间作套种是我国传统的农业增产技术，它能充分利用农业自然资源及作物的生长季节，充分利用作物生长的边行优势，有利于全年稳产和高产。河南省生产上多应用大豆玉米间作模式和大豆甘薯间作模式两种。

1. 大豆玉米间作模式

大豆与玉米间作可以改善玉米田间通风透光条件，合理利用营养元素，增加产量和经济效益。

大豆与玉米间作的种植形式主要有：

（1）水肥条件好　水肥条件较好下采用的种植形式，以玉米为主，可在玉米的宽行内间作大豆，常用的配置方式有两种：一是 1.5～1.6 m 一带，2 行玉米，2 行大豆，两者间距 42～50 cm，玉米、大豆行距都是 33 cm。二是 2.6 m 一带，4 行玉米，2 行大豆，间距 50 cm，大豆行距 33 cm，玉米为二垄靠，小行距 33 cm，大行距 66 cm。

（2）水肥条件一般　中下等肥力条件下采用的种植形式，以大豆为主，大豆一般不少于 4 行，每 4～6 行大豆间作 1～2 行玉米，大豆密度同单作，玉米株距适当缩小，密度稍高于单作，其配置方式有：一是 2.32 m 一带，4 行大豆，2 行玉米，两者间距 50 cm，行距均为 33 cm。二是 3 m 一带，6 行大豆，2 行玉米，两者间距、行距同上，玉米缩小株距，增加密度，加强肥水管理，较易获得双丰收。此外，还有 2.1 m 一带，4 行大豆间作 1 行玉米；4 m 一带，8 行大豆间作 2 行玉米等。

2. 大豆甘薯间作模式

甘薯田间作大豆，在甘薯产量不减产的情况下，垄沟内合理种植大豆，其方式根据甘薯种植形式不同分为三种情况：

（1）春甘薯套种大豆　春甘薯套种大豆，2.6 m 一带，4 行甘薯间种 1 行大豆。甘薯起垄栽，一垄 2 行，垄宽 1.3 m，高 25 cm，垄上甘薯窄行 50 cm，株距 30 cm。甘薯栽齐后，于 5 月下旬隔 3 垄（4 行甘薯）在垄沟内种 1 行大豆，大豆穴距 30～50 cm，每穴 3～4 粒，适时定苗。

（2）麦垄套种甘薯大豆　麦垄套种甘薯、大豆，4 行甘薯间作 2 行大豆，甘薯于麦收前 20 d 套种，大豆于麦收前 10 d 左右套种，甘薯窄行 60 cm，宽行 1.2m，株距 25 cm；宽行内套种 2 行大豆，大豆窄行 40 cm，与甘薯间距 40 cm，穴距

30 cm。

（3）麦茬甘薯大豆间作 麦茬甘薯大豆间作，2 行甘薯间作 1 行大豆，麦收后立即施肥整地起垄，先在沟内播种 1 行大豆，后在垄上栽 2 行甘薯，大豆穴距 50 cm，甘薯行距 60 cm，株距 25 cm。

甘薯间作大豆，大豆要选用株型收敛、丰产性好的中早熟品种，麦垄套种的要早中耕灭茬，大豆在甘薯封垄前要多中耕，分枝期施速效氮、磷肥。

五、河南夏大豆生长发育特点及逆境因子分析

（一）河南夏大豆生长发育特点

1. 生育过程

大豆从播种到成熟所经历的天数称为生育期。河南省 95% 以上都是夏大豆，一般生育期在 90 ~ 110 d。其生育过程，可划分为六个时期：

（1）萌发期 当种子发芽时，胚根首先伸长，穿过珠孔扎入土中，以后形成主根，其次胚芽也随着向上伸长，带着两片子叶露出土表，以后长成主茎和枝叶。由于大豆的子叶肥大，顶土较难，播种不宜过深。子叶出土后逐渐产生叶绿素进行光合作用。自播种到出苗的时间，夏大豆 4 ~ 6 d。

大豆种子萌发和出苗需要一定的温度、水分和空气条件。日平均温度在 18 ~ 20℃时，最适宜大豆种子发芽，发芽快而整齐。在田间温度超过 33℃时，大豆种子出苗率很低，幼苗纤细，生育不良。除温度条件外，大豆种子一般需要吸收约等于种子本身重量 1.2 ~ 1.5 倍的水分，才能发芽。由此，大豆播种要求底墒充足。适宜的土壤空气可以提高种子呼吸强度，促进种子内养分转化为可溶性物质。因此，大豆播种不宜过深，并要求土壤疏松，以利出苗。

（2）幼苗期 大豆子叶展开后，幼茎向上伸长，在苗高 3 ~ 6 cm 时单叶展开，称为单叶期。幼茎继续伸长，长出第一复叶，称为 3 叶期，此时一般苗高约 5 ~ 10 cm。幼苗第一节间长短是衡量苗子壮弱的重要形态指标。植株过密时，第一节间往往过长而纤细，发育不良，应及早间苗。幼苗期大豆一般可长出 2 ~ 3 片复叶。一般品种幼苗期持续天数 20 ~ 25 d，占全生育期的 1/5 左右。

大豆幼苗对低温抵抗力较强，最适宜的生长温度为 25℃左右。由于苗期叶面面积小，蒸腾量低，每 24 h 内单株蒸腾量仅 100 ~ 150 mm。此期，幼苗较能忍受干旱，苗期适宜的土壤湿度为 19% ~ 22%。幼苗前期，从子叶中提供部分有机营养。当根系生成后，开始从土壤中吸取营养。幼苗期对养分和水分的需要在全生育期中为最小阶段，但此期是促进根系生长的关键时期，在栽培管理上，应中耕松土，灭草增温，促进根系发育，促进苗健苗壮。

（3）分枝期　分枝期也称为花芽分化期。自出苗后 25~30 d 开始，每个复叶的叶腋开始有腋芽的出现，一般下部腋芽分化形成分枝，中上部腋芽分化为花蕾。此期是决定分枝多少和开花多少的关键时期。此期持续时间 17~25 d。

夏大豆分枝期是生长发育旺盛的时期，植株生长量较大，分枝不断增加，根系继续扩大伸长。在主茎与分枝上的腋芽不断分化形成花蕾。这一时期植株生长的健壮与否与产量有密切关系，因此在苗全苗壮的基础上，分枝期应采取各种措施，促使达到株壮、分枝多、花芽多的目的。

这一时期土壤营养条件、水分和通气状况是否满足大豆生育的要求，也明显影响植株的花芽数、分枝数及根系生长的优劣。追施氮磷肥、及时灌溉、中耕培土对促进植株生育，增加分枝数和开花数有重要作用。

（4）开花期　大豆从初花到终花为开花期，需 20~30 d。此期是大豆生长发育最旺盛的时期，营养生长和生殖生长同时并进，既长根、茎、叶，又大量开花结荚，干物质形成和积累达到高峰。大豆开花期植株含糖、氮量增高，各器官糖、氮代谢旺盛，呼吸强度增高，根系伤流量加大。此期是决定植株营养体和叶面积大小，节数和花荚数多少的关键时期。

大豆开花最适宜的温度为昼间 22~29℃，夜间 18~24℃。适宜的空气相对湿度为 74%~80%。大豆在开花期间如遇阴雨连绵则延长开花期，如遇干旱则所开花即行凋萎，甚至大量脱落。开花期大豆对光照要求较高，如果光照不足，花荚呈饥饿状态而脱落。开花期大豆生育旺盛，需要大量养分，若土壤中养分贫乏，或释放养分速度跟不上植株需要，会显著影响大豆生长。因此，在土壤肥力不足情况下，应在开花前或开花初期追施速效氮肥。

（5）结荚鼓粒期　大豆开花受精后，子房随之膨大，接着出现软而小的青色豆荚。种子的干物质积累在开花后 10 d 内增加缓慢，开花后 20 d 增加较快。在种子发育过程中，随着种子的增长，粗脂肪、蛋白质等逐渐增加，淀粉与还原糖则逐渐减少。

在结荚鼓粒时期，生殖生长占主导地位。植株体内的营养物质开始再分配和再利用，籽粒和荚壳成为这一时期唯一的养分聚集中心，无论是光合产物或者是矿物质养分都从植株各部位向籽粒转移，以满足种子生长的需要。这一时期的外界条件，对大豆的结荚率、每荚粒数、粒重以及产量有很大影响，若温度较低，光照不良，水分和养分不足，将造成大量落荚，降低籽粒重量。

（6）成熟期　随着豆荚的形成，光合产物停止输送给幼叶和生长点，而集中运往豆荚。这一时期，大豆整个生育逐渐迟缓下来，最后生育完全停止，而进入黄熟期。同时，在种子内，水分逐渐减少，有机物质积累增多，最后种子变硬而呈遗传性固有的形状、大小和光泽，荚亦呈现固有颜色，此时称为成熟期。成熟不完好或过熟，对种子品质和产量都有不良影响。因此，要做到适时收获。

2. 大豆的花荚脱落

花荚脱落是大豆生产上的突出问题。大豆每株开花数一般在100朵以上，但通常只能结荚20~30个，其花荚脱落率多达50%~70%。掌握大豆花荚脱落规律，采取切实可行的措施，保花保荚，增加粒数，是提高大豆产量的有效途径。

（1）花荚脱落的一般现象　大豆花荚脱落是由于在花柄基部形成离层而引起的。一般落花率最高，占40%左右；落荚率次之，占35%左右；落蕾率最低，仅为1%~3%。落花多发生在花开放后3~5 d，落荚以开花后7~15 d的幼荚最多。落蕾多发生在花轴末端及副芽花序上。不同品种其花荚脱落率具有一定差异。有限结荚习性品种花荚脱落率较低，无限结荚习性品种花荚脱落率较高。在同一植株上，有限结荚习性品种下部脱落率为65%~70%，中部为50%~60%，上部45%以下；无限结荚习性品种，中部脱落率为60%~70%，上部和下部为40%~45%。河南省夏大豆花荚脱落的高峰期，无限结荚习性品种出现在8月3~20日，在此期间脱落数占总脱落数的71%~77%，有限结荚习性品种脱落高峰期为8月1~14日。

（2）落花落荚的原因　有机营养缺乏是造成落花落荚的主要内在原因；土壤养分不足，土壤干旱或水分过多，光照不足，温、湿度过高，病虫危害等都是造成花荚脱落的外部原因。

大豆开花始期到盛花期，生长发育迅速，荚大量形成，需要大量养分。如果养分供应不足，植株营养不良，花荚脱落显著增加。但如果施氮肥过多，引起植株徒长和倒伏，会导致群体光照恶化，增加花荚脱落。土壤缺水使大豆植株生长矮小，叶面积少，光合速率减弱，有机物质积累少，向花、荚输送养分的机能受阻，引起花、荚发育停滞和脱落。

由于影响落花落荚的因素是多方面的，因而必须采取综合的技术措施，才能减少或防止花荚脱落。如选用多花多荚的高产良种，合理密植，始花期追施速效氮、磷肥，合理进行灌排，采用生长调节剂，及时防治病虫害等，都是防止花荚脱落的重要措施。

（二）影响大豆生长发育的逆境因子分析

1. 河南省夏大豆区病害类型和发生规律

河南省夏大豆区主要病害类型有花叶病、炭疽病、霜霉病和胞囊线虫病。花叶病是一种病毒性病害，主要是种子带毒，第二年发病，田间主要是蚜虫传播，高温、干旱利于蚜虫的活动和病毒的发展；炭疽病是真菌性病害，从大豆出苗到结荚期均可发生，菌丝及病孢子在豆粒及病株上越冬，第二年借助种子和风雨传播，大豆生长中后期雨水多、湿度大时，易发病；霜霉病的发生期与炭疽病相同，其孢子囊借助风雨传播，其卵孢子在种子及植株病残体上越冬，在低温、高湿时容易发病，高温、干旱发病轻；大豆胞囊线虫病危害大豆根系，胞囊可抵御高温、干旱、寒冷和腐烂等不良环境及微生物的侵染，一遇适宜环境，胞囊内的卵便可孵化成幼虫侵染大豆根系，胞囊线虫活动于土壤中的范围仅 35 ～ 60 cm，其田间传播主要是通过农事操作时农机具和人畜的携带，以及灌水、粪肥和风传播，条件适宜一般 30 d 发生一代，沙、碱、旱、薄地及大豆重茬地块发病严重。

2. 气候因素与大豆病害、产量的关系

基因型差异是大豆品种间抗病性、产量形成差异的主要原因，而气候变化对大豆病害、产量形成也有较大的影响。在豫西南和豫中南，开花期温度、湿度是促进病原孢子萌发的主要因素，而鼓粒期的降水总量、温度与湿度的互作有利于病害的流行及再侵染。在豫东，开花期和鼓粒期的温、湿度是促进病原孢子萌发的主要因素。另外，产量与日照呈正相关，不同生态区间大豆生育期日照时数增加，降水量减少，鼓粒期后病害减轻，产量增加。

河南省的 5 月下旬到 6 月上、中旬，是夏大豆的播种期，此期若出现初夏旱（30 d 总雨量小于 50 mm），会造成夏大豆晚播或出苗不好，从而导致减产；7 月下旬到 8 月中旬是大豆开花结荚鼓粒期，也是夏大豆一生中需水最多的时期，此期若出现干旱，会导致大豆花、荚大量脱落及大量瘪粒，严重影响产量和品质；豫东南、西南夏大豆区，幼苗期充足的阳光有利于培育壮苗，若遇连阴雨天气（连续降雨大于 5 d），大豆小苗会因营养供应不足而产生黄苗、弱苗或死苗现象。

六、河南夏大豆不同生育时期的管理关键与管理目标

（一）苗期

大豆从播种到开花所经历的时期叫幼苗分枝期，也叫苗期。一般 30 ～ 35 d。此期属营养生长阶段，主要是生根、长叶、生长主茎以及分枝，但以根系生长为中心。田间管理的目标是苗全、苗齐、苗匀、苗壮。

（二）花荚期

大豆从开花到幼荚发育为成荚所经历的时期叫花荚期。一般 15 ～ 20 d。此期是营养生长和生殖生长并进期，此期植株上花、荚大量脱落，是田间管理的关键时期。管理目标是促叶、壮秆，争取花多、花齐，防止花荚脱落和增花、增荚。

（三）鼓粒成熟期

大豆从鼓粒到成熟所经历的时期叫鼓粒成熟期，一般 40 ～ 45 d。这一时期植株营养生长基本停止，进入以开花、授粉、籽粒发育、成熟为主的生殖生长阶段，是

产量形成的关键时期。田间管理的目标是保护叶片不受损伤、不早衰，争取粒多、粒重夺高产。

学习任务二 河南夏大豆高产生产技术

一、选用优良品种，做好种子准备

（一）品种选择

首先，要各地根据种植制度、无霜期长短、茬口早晚选择生育期适宜的品种，以保证稳产、高产。其次，要根据土壤肥力及灌溉条件选用不同结荚习性的品种。若水肥条件好，宜选用耐肥力强、秆强不倒的有限结荚习性大豆品种类型；而瘠薄、岗地则需选用生育繁茂、耐瘠薄的无限结荚习性大豆品种类型。再次，机械化栽培大豆，应选用植株高大、不倒伏、分枝少、株型收敛、底荚高、不裂荚的品种。最后，随着大豆专业化、产业化的不断发展，国内外对高蛋白质（≥44%）、高脂肪（≥22%）大豆的需求也在不断增加。因此，播种时应根据市场需求、用途及品种特性，选产销对路的优质品种。

（二）种子处理

1. 精选种子

在播种前进行种子精选是保证全苗的重要措施之一，可用粒选机精选或人工挑选，以提高种子的田间出苗率。

2. 根瘤菌接种

第一次种大豆地块，进行根瘤苗接种，有明显的增产效果。方法是将根瘤菌剂倒入为种子重量1%的清水中。搅拌均匀后，将菌液喷洒在种子上，充分搅拌，阴干后播种。根瘤菌接种的种子不可再用药剂拌种。

3. 钼酸铵拌种

大豆施钼是一项经济有效的增产措施。可采用拌种和生长期喷洒的方法进行。一般每50 kg种子用钼酸铵20～30g，制成1%～2%的钼酸铵溶液，边喷洒边搅拌均匀，阴干后播种。钼酸铵拌种阴干后也可进行其他药剂拌种。

二、轮作倒茬，搞好种植安排

轮作倒茬是大豆增产的一项有效措施。重茬大豆一般发芽迟缓，缺苗多，幼苗黄弱，根系发育不良，植株矮小，茎秆瘦弱，分枝少，进入生长中后期表现更为明显。一般重茬一年可减产 10% ~ 15% ，重茬两年可减产 15% ~ 20% 。因此，大豆轮作倒茬增产显著。具体种植安排在上节河南夏大豆的种植模式里已详述，关键是注意以下几点：

（一）施足基肥

增施农家肥作基肥，是保证大豆高产、稳产的重要条件。在农家肥料中，以猪粪对大豆增产效果最好，其次是马粪和堆肥，土杂肥的效果较差。基肥的施用量因粪肥的质量、土壤肥瘠和前作物施肥多少等情况而定。一般粪肥质量高的，每公顷施 1.5 ~ 2 t，质量差的，需施用 2 000 ~ 3 000 t。结合有机肥配施化肥，有利实现早出苗、出壮苗，化肥作基肥应控制氮肥用量，增施磷肥、钾肥，一般配方为尿素 4 ~ 6 kg、磷酸二铵 8 ~ 10 kg、硫酸钾 10 kg。一般基肥撒施后翻耕比播种后行间集中施肥效果好。河南夏播大豆，通常由于抢时间早播，劳力又繁忙，部分大豆铁茬播种，有机肥的施用受到限制，只能结合播种施用种肥。

（二）精细整地

大豆对土壤的要求并不严格，无论是沙土、沙壤土、黏土均可种植。合理深耕，细致整地，能熟化土壤，改善土壤环境条件，提高地力，消灭杂草、减轻病虫害，为大豆创造良好的耕作层，是大豆苗全、苗壮的基础，是增产的基本措施。

夏大豆区播种期短，整地必须抓紧，耕地灭茬与抢墒早播有矛盾时，应力争早播，出苗时再进行锄地灭茬，达到苗早苗全的目的。

（三）播种技术

1. 播期

决定大豆播期的主导因素是温度。应抓住墒情，适时播种，力争一播全苗。夏大豆区播种期主要受前茬农作物收获期的限制。在前茬农作物收获后，要尽早播种。在有灌溉条件的地方，麦收前应浇好"麦黄水"或麦收后趁墒抢播，播完后再灭茬保墒，以利大豆出苗。

2. 播种方法

河南各地大豆播种大多采用条播，在翻整地的基础上，用播种机进行条播，机械条播一般采用平播后起垄或随播随起垄。夏播大豆区普遍采用耧条播，开沟、播种、覆土结合在一起，有利抢墒、提高工效。条播种子直接落在湿土里，播探一致，种子分布均匀，出苗整齐，进度快，能保证大面积适时播种。墒情不足时，播后镇压，提墒防旱。

3. 播种量和播种深度

确定大豆适宜播种量要根据计划的密度要求、种粒大小和发芽率以及播种方法而定。一般河南夏大豆条播每公顷用种 60～70 kg。

大豆的覆土深度对出苗影响很大，应根据种粒大小、土质、墒情而定。一般以 4～5 cm 为宜。播后要适时镇压，以利接墒，出苗整齐。

4. 施用种肥

种肥以优质有机肥混入速效的氮、磷、钾为宜。种肥单独施用时，每公顷施磷酸二铵 120～150 kg、硫酸钾 40～50 kg 为宜。种肥的施用方法因播种方法而定。机械条播随播种机播种施入。人工条播施种肥，要注意肥、种的隔离，以防烧种。

（四）田间管理

1. 出苗前的管理技术

提高地温、松土保墒，促进大豆出苗，消灭早期杂草，是出苗前田间管理的主要任务。

（1）化学除草　利用化学药剂防除田间杂草，是一项省工高效的除草措施。根据施用时期和方法的不同，一般分为播前土壤处理剂和播后苗前土壤处理剂。

（2）出苗前耙草　出苗前耙草是机械化栽培大豆灭草的重要作业之一。在大豆出苗前种子芽长 0.5～3 cm，用钉齿耙斜向耙地，杀草率可达 80%～90%，伤苗率仅 1% 左右。耙草深度以不超过 3 cm 为宜。

2. 幼苗分枝期田间管理

苗期壮苗长相是地上部幼茎粗，节间长度适中，叶小而厚，叶色浓绿；地下部主根发达侧根多，根系强大。

分枝期植株长相应是根系发达，根瘤多，茎秆粗壮，节间短，分枝多，叶片厚而浓绿。此期管理的主要任务是通过各种栽培技术达到苗全、苗匀、苗齐、苗壮。

（1）查苗补种、早间苗　为确保全苗，出苗后及时检查出苗情况，如发现缺苗要及时进行浸种膨胀后补种或雨前雨后带土移栽。夏大豆生长迅速，可在大豆出现复叶后间、定苗一次进行。间定苗要间小留大、间弱留壮，做到合理留苗，等距匀苗，定苗按要求密度进行。

（2）中耕除草　第一遍中耕除草应结合间定苗进行，做到细致不伤苗，以利增温保墒。过 7～10 d 后幼苗长到 10 cm 左右高，进行第二遍中耕除草，以利接纳雨水及分枝生长。封垄前进行第三遍，并适当培土，以利防旱抗涝。

（3）看苗追肥、灌水　幼苗生长瘦弱、叶色过浅，表现出缺肥症状时应追施适量氮、磷肥。肥量根据地力及苗长相而定，一般每公顷追施硝酸铵 75～100 kg、过磷酸钙 70～200 kg。分枝期如土壤水分不足，可进行合理灌溉，以促进花芽分化。

3. 开花、结荚期田间管理

开花结荚期是大豆生育最旺盛的时期，在培育壮苗促进花芽分化的基础上，减少花、荚脱落，增花保荚是田间管理的主要任务。

（1）清除田间大草　大豆结荚前期，拔除铲蹚遗留下的大草，以利通风透光，减少土壤养分消耗，促熟增产。

（2）巧追花荚肥　没有脱肥现象的地块可不追花荚肥，以防徒长倒伏。土壤肥力低、长势弱的地块可结合铲蹚进行根际或根外追肥。根际追肥可将化肥施于植株旁 3 cm 处，随即中耕培土，盖严肥料，一般每公顷施硝酸铵 75 ~ 100 kg。根外叶面喷洒可用 5% ~ 10% 的氮、磷、钾混合液，或结荚初期公顷用尿素 15 kg 加磷酸二氢钾 1.5 kg，兑水 750 kg 叶面喷雾。

（3）灌花荚水　大豆开花结荚期是灌水的关键时期。灌水多采用沟灌、小畦灌或有条件进行喷灌。灌水时期、次数及水量要根据植株长相、品种特性、气候、土质等情况而定。在搞好灌溉的同时，应注意排涝。

（4）摘心打底叶　水肥充足或生育后期多雨年份，无限结荚习性品种和间作地块大豆易徒长倒伏。摘心可以控制营养生长，有利增花保荚、防倒伏。摘心在盛花期或近开花终了时进行，摘去茎顶端 2 cm 左右即可。但有限结荚习性品种不宜摘心。

（5）防治大豆蚜虫和食心虫

4. 鼓粒成熟期的田间管理

鼓粒成熟阶段的生育特点是：大豆鼓粒期营养生长已停止，植株外观已定型，而生殖生长正在旺盛进行，植株内有机养分大量向籽粒转移。此期的栽培目标是：促进籽粒饱满，增粒增重，促进成熟。

（1）补施氮肥　大豆进入鼓粒期后，根瘤菌固氮能力逐渐减退，加之鼓粒期需肥量大，若补施氮肥可显著增加产量。

（2）灌增重水　鼓粒期缺水，若适当少灌，能显著提高粒重和产量，改进大豆品质。鼓粒后期减少土壤水分可促进早熟。

（五）适时收获

适时收获是大豆增产的最后一个环节，过早、过晚对产量和品质都有一定的影响。大豆的适时收获期，因收获方法不同而异。人工收获和机械分段收获应在黄熟末期进行，此时叶已大部脱落，茎和荚全变为黄褐色，籽粒归圆与荚壳脱离，呈现品种固有色泽，摇动植株有响声；机械联合收割应在完熟初期进行，此时，叶已全部脱落，茎荚和籽粒都呈现出品种固有色泽，籽粒变硬摇动植株发出清脆响声。

大豆籽粒因含蛋白质及脂肪多，不耐贮藏。因此，贮藏前必须充分晾晒，含水量 12% 以下方可入仓贮藏。贮藏温度保持 2 ~ 10℃，时刻注意仓内温度的变化，并做到定期检查。

知识链接：普通大豆为何不敌转基因大豆

中国曾是大豆出口大国，但最近10年来，却出现了大豆进口量猛增、国产大豆面积减少、大豆主产区加工企业停工甚至破产等现象。国产大豆面临怎样的困境？国外如何推动大豆出口？我国大豆产业应当如何发展？就这些问题，《人民日报》"求证"栏目记者进行了调查采访。

大豆种植现状如何？

【调查】价格低、销路差、播种面积逐年缩减，预计今年大豆自给率低于15%

据了解，前些年，明水县大豆种植面积最多时超过2.6万hm^2，今年才0.7万hm^2，不到最多时的1/10。"老百姓按照市场规律，大豆种得少"，明水县农委副主任王立春说，玉米销路好、价格高，加上不断采用新技术，增产明显。

黑龙江省大豆协会副秘书长王小语说，近几年黑龙江的大豆播种面积显著缩减，2010年播种面积为4.0万hm^2左右，2011年缩减到3.3万hm^2，2012年不到2.7万hm^2。

中国大豆行业协会常务副会长刘登高介绍，全国的情况也是如此。我国大豆种植面积最近几年一直呈现缩减趋势，预计今年将下降到670万hm^2以下，总产量将低于1 000万t，大豆自给率将低于15%。

转基因大豆为何能快速推广？

【调查】美国等国家掌握专利、加大补贴，通过价格杠杆加速推广

我国的进口大豆主要来自于美国、巴西、阿根廷等国家。刘登高认为，美国将大豆列入国家发展战略，用补贴支持本国大豆生产，并支持美国粮商到巴西、阿根廷开发土地、种植大豆。"美国对大豆的补贴、倾销，造成了中国大豆与其他农产品价格的扭曲，这是中国大豆产业问题的根源。"

中国现代国际关系研究院助理研究员魏亮主攻方向是世界粮食问题。他认为，美国将转基因大豆作为其重要出口产品，得到政府、育种企业和粮食生产商的追捧，并利用价格杠杆迅速推广。一方面，在政策上，美国依靠政府补贴和信托资金，压低从特定种子价格到田间

管理、收获等各环节成本，抬高合约收购价，提升种植转基因大豆的比较优势。另一方面，在销售和深加工上，美国食品和药品管理局等机构实施宽松的事后监管，同时，不含转基因、激素等成分的有机食品价格显著高于一般食品。如此，通过价格杠杆，转基因食品的市场占有率节节上升。

魏亮认为，在转基因大豆推广中，因为可收取高额专利费，一些生物技术公司和跨国粮商也扮演着推动的角色。当前转基因大豆商用技术和专利多数掌握在美国及在美国注册的孟山都、杜邦等公司手中。虽然此类公司在专利费收取问题上仍存障碍，但巴西等不少国家已长期按销售额的2%向孟山都公司等缴纳专利费。

中国农业科学院农业知识产权研究中心副主任宋敏说，截至2012年7月31日，全球共有转基因大豆专利申请1 310件，拥有转基因大豆专利较多的国外企业是孟山都（374件）、杜邦/先锋（201件）、MERTEC（82件）、先正达（41件）、巴斯福（25件）、拜耳（22件）等。

国产大豆如何应对？

【调查】实施播种补贴，发挥本土非转基因、高蛋白食品级大豆优势

在大豆贸易中，定价权是核心。魏亮表示，巴西、阿根廷、中国等大豆主产区的生产和消费市场渐次被转基因大豆占领，形成了转基因育种、生产、加工、零售、品牌等全程产业控制。我国大豆市场定价权旁落他人，对外依存度极高，会影响我国粮食安全。

王小语说，近年来，黑龙江大豆播种面积急剧缩减，主要原因就是种植大豆效益太低。为使大豆播种面积保持在相对合理区间，建议对豆农实施播种补贴，使大豆播种面积稳定在400万hm²左右。

刘登高建议，学习欧洲、日本等国家在国际化进程中保护农业的经验，进口农产品的多少要以不危害自主产业为前提。其次，要发挥中国本土大豆的特色优势。中国非转基因大豆蛋白深受欧洲市场欢迎，在世界食品蛋白市场占有率达50%以上。刘登高说，在国际市场，食品级大豆价格要高于饲料级大豆，一般价格相差30%～50%。在中国，非转基因、高蛋白质大豆的优势难以发挥，这是制约中国大豆生产的重要原因。

近些年，东北大豆主产区盛行出售食品豆，国内市场食品豆的价格开始与油豆拉开距离，高蛋白质含量的种子广受农民欢迎，种种迹象表明，中国高蛋白质、非转基因大豆仍有顽强的生命力。刘登高说，目前大豆深加工产品国内外市场需求旺盛，中国应该扶持本国大豆的产业龙头，以高质量深加工产品提高市场地位。

思考与练习

1. 中国大豆对外依存度达到80%以上，如何避免大豆供应安全问题？
2. 怎样才能在当地发展种植大豆？
3. 如何提高当地种植大豆的机械化程度？

模 块 六
甘薯

【学习目标】

1. 了解河南甘薯生产概况、种植模式、产量构成要素等基本知识以及河南甘薯生产中存在的问题。

2. 掌握甘薯的生长发育特点、逆境因子应对措施，不同生育期的管理关键及病虫害防治技术，以及甘薯的收储技术要求。

3. 熟悉甘薯的繁殖、栽插等高产生产技术要点，甘薯的加工要求，甘薯烂窖的处理等。

甘薯作为粮食作物，在中国历史上，曾经发挥了重要的作用。2013 年，中国薯类种植面积为 896 万 hm^2，占中国粮食作物播种面积的 8.0%。河南薯类种植面积 30 多万 hm^2，占全国薯类播种面积的 3.7%。

2013 年中国薯类总产量 3 329 万 t，河南总产量 112 万 t，占全国薯类总产量的 3.37%。薯类单产略低于全国平均水平。

学习任务一　河南甘薯生产概况

一、河南甘薯的地位

甘薯，又名山芋、地瓜、红薯等，富含蛋白质、淀粉、果胶、纤维素、氨基酸、维生素及多种矿物质，有"长寿食品"之誉。我国栽培甘薯面积仅次于水稻、小麦、玉米、大豆，位居第五位。河南常年种植甘薯面积在 30 万 hm^2 左右，仅次于小麦、玉米、水稻、棉花、大豆和油菜。

二、河南甘薯的种植模式

河南甘薯的种植模式有春甘薯和夏甘薯两种。春甘薯于 4 月下旬到 5 月中旬栽种，10 月上旬或下旬收获，生育期 150 ~ 180 d；夏甘薯 6 月上中旬种植，10 月上旬或下旬收获，生育期 110 ~ 130 d。

三、河南甘薯的生长发育特点逆境因子分析

（一）甘薯的生育期

甘薯属旋花科，为蔓生草本植物，在热带栽培为多年生，在温带栽培，冬季枯死，变为一年生作物。在河南，甘薯生产主要是无性繁殖，块根没有明显的成熟期，但因品种和栽插时期的不同，生育期差异很大，一般春甘薯栽后 160 d 左右收获，夏甘薯栽后 120 d 左右收获。

（二）甘薯的生长时期

甘薯生长不经过生殖生长阶段，没有明显的营养生长和生殖生长两个阶段的区分，根据甘薯在大田的各个生长时期的特点及其与气候的关系，大体可以分为三个生长时期。

1. 生长前期

从栽插到茎叶封垄为生长前期，又称为发根分枝结薯期。它包括扎根还苗和分枝结薯两个生长阶段。生长前期也可称作发根、分枝和结薯期。河南地区，春甘薯生长前期需经历 50 ~ 60 d，夏甘薯约需经历 40 d。

春甘薯栽后约经 3 ~ 4 d 开始扎根，栽后 8 ~ 10 d 叶片发绿且心叶开始生长，为缓苗期，栽后 30 d 左右开始生长分枝，根系生长基本完成，发根量占全期根数的 70% ~ 80%，这时已形成块根，栽后 35 ~ 45 d 块根开始膨大。夏甘薯栽后 1 ~ 2 d 开始扎根，栽后 5 ~ 6 d 缓苗，20 d 左右开始生长分枝并形成块根，30 d 左右块根开始膨大。当茎叶基本盖满全田时，称为封垄期。甘薯封垄期，单株有效薯数基本稳定。

春甘薯生长前期，气温较低，雨水较少，茎叶生长缓慢，而根系发展较快，是以生长纤维根为主的时期。到分枝结薯阶段，茎叶生长加速，叶面积逐渐扩大，同化产物增多，积累的养分也随之提高，形成的块根开始膨大。夏甘薯栽后不久即进入高温多雨季节，根、茎、叶的生长及块根的形成和膨大速度都比春甘薯快。

2. 生长中期

从茎叶封垄到茎叶生长量达高峰为生长中期，又称茎叶生长盛、块茎膨大期。

春甘薯的生长中期，在栽后 50～100 d，即 7 月中旬到 8 月下旬；夏甘薯在栽后 40～70 d，即 8 月到 9 月上旬。

生长中期是处在高温、多雨、光照不足、温差小、土壤透气性差的条件下，同化产物多分配于地上部，茎叶生长迅速，块根膨大较慢，是以生长茎叶为主的时期；但是如能改善环境条件，仍能使块根膨大较快，达到薯蔓并进，协调生长。此期末，茎、叶生长量达最大值。

3. 生长后期

从茎叶开始衰退到收获期为生长后期，也称回秧期、块茎盛长和茎叶渐衰期。春甘薯在 8 月下旬，夏甘薯在 9 月上旬以后分别进入生长后期。甘薯生长后期，茎、叶重量逐渐减少，同化产物大量向块根转移，块根膨大加快，是以膨大块根为主的时期。10 月以后，气温继续下降，块根膨大转慢。

上述甘薯三个生长时期无严格界限，因品种特性、土壤肥力、栽培管理水平、栽植时期及各年气候变化等而有差异。在管理上应根据不同生长中心加以促进或抑制，保证地上部和地下部协调生长，从而获得高产。

（三）逆境因子分析

1. 温度

甘薯喜温，对低温反应敏感，最怕霜冻。甘薯在 25℃ 最适宜生长，超过 35℃ 生长受到抑制，低于 15℃ 生长停滞，低于 10℃ 植株受到冻害而死亡。

2. 光照

甘薯是喜光短日照植物，茎叶利用光能的时间长，效率高。甘薯生长过程中，光照充足，有利于茎叶生长和块根膨大。日照时间超过 12 h，适宜块根膨大，日照时间短于 8 h，有利于现蕾开花，不利于块根膨大。

3. 水分

甘薯根系发达，较耐旱。甘薯生长早、中、后期田间持水量分别以 50%～60%、70%～80%、60%～70% 为宜。水分过少，前期易形成梗根，影响薯块形成。水分过多，中期易出现茎叶徒长，后期易影响薯块品质。虽然，甘薯生育期需水与河南降雨分布比较吻合，但仍需要注意水分调控。

4. 养分

甘薯根系发达，吸肥力强，需要较多的氮、磷、钾，尤其是需要较多的钾。钾肥可以延长叶龄期，加速块根的膨大，提高含糖量。

5. 黑斑病

黑斑病是甘薯的主要病害，严重影响甘薯的品质和商品性。甘薯发生黑斑病以后，病部干硬，表层形成黄褐色或黑色斑块，味苦。

四、河南甘薯不同生育时期的管理关键与管理目标

(一) 生长前期

1. 管理关键

地上部生长较慢，纤维根发展较快，以生长根系为中心，以后是长分枝和结薯时期，地上部生长开始转快，进入生长茎叶与薯块为中心的时期。在保证全苗的前提下，促进根系、茎叶和群体的均衡生长是生长早期的管理关键。

2. 管理目标

春甘薯的生长前期，田间管理的主攻方向是保全苗，促叶早发，早结薯。管理以促为主，但不能肥水过猛，否则易导致中期茎叶徒长，影响薯块膨大，造成减产。夏甘薯的生长前期，茎叶生长较快，但由于生长期较短，也是以促为主，促控结合。

(二) 生长中期

1. 管理关键

这个时期是高温多雨季节，日照较少，茎叶生长较快，薯块膨大较慢，以地上生长为中心。控制好茎叶徒长是生长中期的管理关键。

2. 管理目标

高产田以控为主，即控制茎叶徒长，促进块根膨大；一般田块则促进茎叶生长，块根膨大。

(三) 生长后期

1. 管理关键

这个时期的生育特点，茎叶质量稍有减少，块根迅速膨大，生长中心由地上转到地下。如果叶色黄化速度过快，表明脱肥早衰，而叶色浓绿则是贪青徒长的表现。预防茎叶早衰是生长后期的管理关键。

2. 管理目标

以促为主，防止茎叶早衰，延长功能叶寿命，提高叶片的光合能力，促进块根膨大和淀粉积累，力争高产。

学习任务二　河南甘薯高产生产技术

一、甘薯的育苗技术

（一）甘薯的繁殖

甘薯为异花授粉作物，自交不孕，用种子繁殖的后代性状很不一致，产量低。因此，除杂交育种外，在生产上很少采用有性繁殖。由于甘薯块根、茎蔓等营养器官的再生能力较强，并能保持良种性状，故生产上采用块根、茎蔓等进行无性繁殖。河南早春气温较低，常用苗床加温育苗，能延长甘薯生长期，提高产量。

1. 有性繁殖

杂交种子可以进行实生繁殖，但杂交种子培植的实生苗后代，具有高度的性状分离，群体变异甚大，大多不保持原种或其杂交亲本的特性，故在大田生产中难以直接应用。

2. 无性繁殖

（1）薯块育苗繁殖　目前甘薯生产中普遍利用薯块萌芽长苗，然后剪苗直接栽插大田，或剪苗先在采苗圃繁殖后再剪苗栽插大田。

（2）薯块直接繁殖　用大小合适的薯块直接播种，母薯木质化，最终使母薯不定根膨大成子薯，但薯块直接播种用量大，切块容易被病毒侵染，生产上一般少用。

（3）茎蔓繁殖　利用春甘薯田剪取蔓苗栽插夏甘薯田，夏甘薯田剪取蔓苗栽插秋甘薯田，秋甘薯田剪蔓尖于苗圃繁殖，越冬再剪插大田。

（4）叶片繁殖　利用带叶柄叶片，或单叶带节栽于大田，这种方法能使入土部分发生的不定根膨大成薯块，但叶片繁殖生长周期长，薯块较小，因而在生产上应用少。

（二）块根萌芽和长苗

甘薯块根无明显的休眠期，收获时，在薯块的"根眼"两旁已分化形成不定芽原基，在适当的温度下，不定芽即能萌发。一般有 30%～40% 的芽原基可萌发成薯苗。

块根萌芽与长苗受内在因素的影响，包括品种、薯块的来源、薯块的大小及部位等。

1. 品种

薯皮薄的品种，薯块容易透进水分与空气，萌芽、长苗较快；"根眼"多的品种，萌芽、长苗较多。

2. 薯块大小

大薯块单位重量萌芽数较少，但成苗较壮。小薯单位重量萌芽薯较多，而产苗较弱。一般以150～200 g的薯块作种薯比较适宜。

3. 块根部位

同一薯块，顶部的芽原基萌发快而多，中部次之，尾部最差。薯块芽原基的萌发存在着明显的顶端优势。隆起的"阳面"（靠近垄背的土表）的萌芽性优于凹陷的"阴面"。

4. 薯块的来源

夏甘薯的薯块生命力较强，染病较轻，薯皮薄，出苗快而多；春甘薯的薯块则相反。经高温处理贮藏的种薯出苗快而多，在常温下贮藏的种薯出苗慢而少。受冷害、病害、水淹和破皮受伤的种薯出苗慢而少。

（三）甘薯育苗技术

1. 甘薯壮苗特征

壮苗比弱苗增产20%左右。壮苗的特征是叶片肥厚，叶色较深，顶叶齐平，节间粗短，剪口多白浆，秧苗不老化又不过嫩，根原基粗大而多，不带病菌，苗长约20 cm，百株重约500 g。

2. 苗床的建造

苗床要选择背风向阳、排水良好、靠近水源、无薯病的土壤和管理方便的地方。苗床的形式多种多样。主要苗床类型：

（1）回龙火炕 此种苗床采用煤、柴草等燃料为热源，特点是温度均匀，保温性能好。它设有三条烟道，中间为去烟道，两边是回烟道。

（2）酿热温床 这种苗床是利用微生物分解新鲜驴、马粪和秸秆的纤维素发酵生热的苗床。驴、马粪或牛粪和切碎的麦秸混合，其比例为1∶2，浇足肥水。酿热物的湿度以持水量的70%为宜，填入坑中的厚度约50 cm，盖上塑料薄膜，夜间要加盖草帘保温，白天揭开草帘晒床提温，当温度达到30℃以上时，踏实酿热物，上铺沙土，即可排薯育苗。

（3）电热温床 在酿热温床的床土加装电热线即为电热温床。优点是温度调控准确，但要注意安全，防止触电。

（4）塑料薄膜冷床 酿热温床不加酿热物为冷床。冷床5～10 cm土层床温比露地提高6℃左右，膜内平均气温比膜外高15 ℃。

3. 种薯处理和排放种薯

（1）种薯处理 选择具有本品种特征，大小适中，无病害，不受冷害和破伤的薯块作种，并用50%多菌灵兑水800倍浸种10 min，防治黑斑病。

（2）适时育苗 当气温稳定在 7 ~ 8 ℃时，可开始育苗，一般在 3 月底到 4 月初。种薯上床后约经 30 d 即可开始采苗栽插。

（3）床土配合 床土用无甘薯病害的肥沃沙质壤土 2 份与腐熟厩肥 1 份混合均匀后过筛，填入苗床，厚度以 8 ~ 10 cm 为宜。填入床土后，撒施尿素 50 g/m² 以促使秧苗生长。

（4）排种方法 种薯用斜排法，种薯头尾相压不超过 1/4，分清头尾，切勿倒排，密度一般 20 ~ 25 kg/m²。排种后，盖细沙约 5 cm 厚，然后喷水湿透床土。

4. 苗床管理

（1）从排种到出苗 在排种薯前烧火或加盖薄膜，使床土温度上升到 32℃ 左右时排种。保持 32℃ 的床温，经 4 d 后，种薯开始萌芽，再使床土温度上升到 35 ~ 36℃，最高不宜超过 38℃，保持 3 ~ 4 d，目的是使种薯产生抗病物质，抑制黑斑病病菌的侵染。然后，把床温降到 31℃ 左右，直至出苗。种薯上床时浇足水分，一般在幼芽拱土前不要浇水，如床土干旱，可浇小水。在种薯出苗前一般气温较低，要封严薄膜，并在下午 4 点后盖上草帘保温，在上午 7 ~ 8 点揭去草帘晒床提温。刚拱土的幼芽易受烈日灼伤，可利用早晨和傍晚的弱光晒床，当叶片发绿时，才可全日晒苗。

（2）出苗后的管理 种薯出苗后，把床温降到 28℃ 左右。当苗高约 10 cm 时，根系比较发达，叶片开始增大，秧苗生长加快，把床温降到 25℃ 左右，并结合揭开草帘晒苗，促使秧苗生长粗壮。出苗以后，在上午 9 点时，膜内气温可能超过 35℃，要注意通风降温，防止烈日烤苗。此时夜间气温仍较低，应加盖草帘保温。随着秧苗生长，叶片增多，蒸发量提高，一般每天要浇一次水，以保持床土湿润。

（3）采苗前管理 为了锻炼秧苗，采苗前 2 ~ 3 d 把床温降到 20℃ 左右，停止浇水，进行蹲苗，并注意逐渐揭膜炼苗，防止引起嫩叶枯干。

（4）采苗和采苗后的管理 当苗高达 20 cm 以上时，要及时采苗，以免影响下一茬的采苗数量。采苗当天不要浇水，以利种薯伤口愈合。为了防止小苗萎蔫，采苗后可少量喷水。在采苗后 1 d 浇水时结合施尿素 50 g/m² 催苗。再盖上薄膜，夜间加盖草帘，使床温升到 32 ~ 35℃，促使秧苗生长，经过 3 ~ 4 d 后，又转入低温炼苗阶段。

5. 采苗圃

采苗圃是利用茎叶繁殖培育夏甘薯苗的主要措施。采苗圃应选择水浇肥地，在冬前施足基肥后深耕细粗。春季复耕把地做畦。畦宽 120 cm，畦长依地形而定，畦面要整平。在 4 月底前后栽苗，行距约 30 cm，株距约 13 cm。栽苗返青后，中耕松土促使根系发展。收麦前 20 d 左右，浇水结合追施尿素 300 kg/hm²，以后每隔 4 ~ 5 d 浇水一次，促使秧苗生长。一般 1 m² 采苗圃可供 10 ~ 15 m² 夏甘薯的秧苗。

6. 脱毒甘薯苗培养技术

脱毒苗栽插后返苗快，封垄早，茎节粗短，叶片肥厚；结薯早，膨大快，薯块整齐，薯皮光滑，商品率增加，产量一般提高20%～40%。

（1）脱毒培养　每个优良品种选6～10块种薯，清洗干净，放入培养箱或蛭石里，保持温度28～30℃以促其发芽。当幼苗长到30 cm，取茎尖2～3 cm，先用0.1%的洗衣粉搅洗5～10 min，后用自来水冲洗30 min。随后在超净工作台上用70%乙醇浸泡30 s，再用2.5%～5%的次氯酸钠溶液消毒7～10 min，再用无菌蒸馏水冲洗3～4次，置于体视解剖镜下取其茎尖。2～0.4 mm，接种到试管中培养。采用加激素的MS培养基，pH 5.7。在光照1 000～1 600 lx和28℃条件下培养5～10 d后转入不加激素的1/2 MS培养基，光照条件为3 000 lx，16 h，28～30℃，相对湿度40%～60%，培养茎尖成苗。2个月后，苗长到2～3叶时，取其叶用血清学方法进行病毒鉴定，除去感染苗得初级脱毒试管苗。

（2）病毒初鉴定　采用血清学方法，每苗剪取2片叶，在血清提取液缓冲剂中（0.6 mol/L磷酸缓冲液PB）匀质化，pH调到7.4，用酶联免疫吸附试验的方法进行病毒鉴定。

（3）初级苗培养　2个月后，待苗长7～10 cm时，进行单节茎段繁殖，和茎尖一样培养，转管移入新的培养基，30 d后即形成多个株系。

（4）指示植物嫁接病毒检测　待多个株系长到7 cm以上时，每个株系取3管。检测前5～7 d逐渐驯化并移植到经过消毒的蛭石或河沙土盆里，温度20～28℃，相对湿度75%～85%。成苗后，将茎或叶柄嫁接到有1～2个真叶的巴西牵牛幼苗上，套上塑料袋4 d、14 d监测病毒。如叶片出现症状，再用血清学方法确认，淘汰后获得中级脱毒试管苗。

（5）中、高级脱毒试管苗培养　脱毒苗可转移到防虫温、网室内，进行农艺性状鉴定，选出最优者繁殖生产用高级脱毒薯。高级脱毒苗在防虫温、网室中，以苗繁苗并诱导结薯，以求在短期内获得较多的高级脱毒苗或核心原种。当选的试管苗株系同时在试管中加速切段繁殖，用作保存和分发。

（6）脱毒良种生产　用脱毒原种育苗，在无病田块上种植夏甘薯，收获的种薯为一级良种，即为大面积生产用种，第二年大田生产的夏甘薯留种为二级良种，第三年为纯商品薯，不能再作种薯。

二、甘薯的大田整地与栽插技术

（一）整地起垄

深耕是甘薯取得高产的基础。耕翻深度以25～30 cm为宜，结合耕地施足底肥。

　　垄作是甘薯生产中普遍采用的高产栽培方式，能加厚松土层，加大昼夜温差；利于排水，改善土壤通气性，促使块根膨大。夏甘薯茎蔓较短，以垄宽 65 cm 左右、垄高 20 cm 左右为宜；春甘薯茎蔓较长，以垄宽 75 cm 左右、垄高 30 cm 左右为宜。但在排水不良的田地，可采用大垄栽双行的方法，垄宽 120 cm、垄高 50 cm、垄顶宽 40 cm，以利排水防涝。垄向以南北为好，可以使垄面受光充足。

（二）甘薯栽插及密植

1. 适期早栽

　　甘薯无明显的成熟期，适期早栽可加长生长期，块根膨大早，能协调地上部与地下部生长的矛盾。蔓、薯比值较小，薯块大，出干率高，质量好产量高。春甘薯以 5～10 cm 地温稳定在 17℃ 时为栽秧适期。一般在谷雨前后开始栽秧，南部稍早些，北部宜晚些，最晚不晚于立夏。夏甘薯的生长期短，要力争早栽。高产夏甘薯要求大田生长期 120 d，积温在 2 700 ℃ 以上。夏甘薯晚栽减产且小薯比率增多，晒干率降低。

2. 合理密植

　　甘薯产量构成的三个因素：单位面积株数、每株薯数和单薯重量。甘薯要获得丰产，必须保证单位面积有一定的株数，合理地利用光能和地力，促使单株结薯多、块大。甘薯密度过大，可能鲜薯略有增长，但薯块变小，晒干率较低，高肥力地块甚至减产。反之，密度过小，单株结薯数和单薯重虽较大，但封垄时间晚，单位面积上的总薯数减少，产量低。

　　甘薯栽秧密度因品种、地力、生长期长短、栽插时期、栽插方法和栽培目的不同而有差异。

　　肥地、早栽或长蔓茎叶肥大的品种可稍稀些；反之，则稍密些。种植密度与栽秧方法的关系是短蔓直插法宜密，长蔓水平浅栽法宜稀。甘薯合理密植要因地制宜，根据具体条件，确定合理的密度，以春甘薯每公顷 5 万～7 万株，夏甘薯每公顷 6 万～8 万株为宜。

3. 栽秧方法

　　甘薯的栽插方法有水平浅栽法、改良水平浅栽法、直栽法、斜栽法、钓钩式栽法和船底式栽法等几种方法。

　　栽插方法与抗旱能力和结薯特点有很大关系。水平浅栽法栽插浅，入土节数多，且入土各节处于疏松的表土层内，能满足甘薯根部好气喜温的要求，因而结薯多，产量高。此法要在精细整地的基础上进行，栽插后注意抗旱保苗，用工较多。改良水平浅栽法适宜于春季干旱地区采用，即将薯苗基部的一个节弯曲插入深土层中，便于吸水，易于成活，又具有水平浅栽法的优点，但用工更多。采用水平浅栽法和改良水平浅栽法，要求薯苗 26 ~ 28 cm 以上，比其他方法多 1 ~ 3 节。直栽法和斜栽法入土深，容易发根，抗旱力强，但结薯少。适宜于干旱瘠薄的山坡地。钓钩式栽法和船底式栽法，对结薯有利，但抗旱性不如斜栽法。

4. 提高甘薯栽插质量

栽插的薯苗要剔去病苗、弱苗，用壮苗返苗快，成活率高，长出的根多、根壮，吸收养分能力强。要求薯苗粗壮，有顶尖，节间不太长，无病虫害症状。采苗时如乳汁多，表明薯苗营养较丰富，生命力较强。并用 50% 多菌灵可湿性粉剂兑水 1 000 倍浸秧苗基部 10 min，防治黑斑病。防治茎线虫病每公顷用 5% 克线磷颗粒剂 20 ~ 30 kg。

栽插时将大小薯苗分开，薯苗栽插过深，土壤温度低，空气少，不利于块根膨大；过浅，则使薯苗不耐旱，不易成活。一般栽深：水平浅栽法 3 ~ 4 cm，直栽法和斜栽法 10 ~ 13 cm，其他方法以 5 ~ 7 cm 为宜。在干旱地区土壤墒情不足，可先挖窝点水，然后栽秧，待水分下渗后封土埋严薯苗。5 ~ 7 d 缓苗后去土露出薯苗。此法防旱保墒，栽插成活率高。

三、甘薯的田间管理技术

（一）前期

前期包括扎根缓苗和分枝结薯两个生长阶段。经历扎根、缓苗、生长分枝、结薯几个阶段。高产春甘薯要求在 6 月底封垄，每公顷块根重 6 ~ 7.5 t，茎叶重 18 ~ 21 t。夏甘薯要求在 7 月底 8 月初封垄，每公顷块根重约 3 t，茎叶重约 18 t。春甘薯在生长前期，气温较低，雨水较少，茎叶生长较慢，田间管理的主攻方向是保全苗，促茎叶早发、早结薯，即以促为主，但不能肥水猛促，否则造成中期茎叶徒长而影响块根膨大。夏甘薯由于生育期短，也是以促为主。管理措施有查苗补苗、中耕除草与培土、追施苗肥与壮秧催薯肥、轻浇促秧水、打顶心、防治害虫。

（二）中期

高产春甘薯要求在 8 月下旬每公顷茎叶重 45 ~ 50 t，薯块重 40 ~ 45 t，块根平均日增重 35 kg 以上；夏甘薯要求在 9 月上旬每公顷茎叶重约 40 t，块根重约 27 t，块根平均日增重约 40 kg。甘薯生长中期是处于高温、多雨、日照少的时期，茎叶生长较快，薯块膨大较慢，田间管理的主攻方向是调控茎叶平稳生长，促使块根膨大。管理措施有排水与灌溉、不翻提蔓、喷药控秧、防治害虫。

（三）后期

后期的甘薯茎叶生长逐渐衰退，而块根增重加快。田间管理的主攻方向是保持适当的绿叶面积，防止茎叶早衰，提高光合作用效能，增加干物质积累，促进块根迅速膨大。管理措施有追施"裂缝肥"和根外追肥，灌溉和排水。

四、甘薯的收获与贮藏技术

（一）收获

1. 收获时期

甘薯块根在适宜的温度条件下，能持续膨大。所以，收获越晚，产量越高。过晚收获，块根常受冷害，不耐贮藏，而且因淀粉转化为糖，晒干率降低。当 5 ~ 10 cm 地温在 18 ℃ 左右时，块根增重很少，地温在 15 ℃ 时薯块停止膨大。因此，要在地温 18 ℃ 时开始收获；地温在 12 ℃ 时，即枯霜前收获完毕。切干用的春甘薯或腾茬种冬小麦的田块一般在寒露前后收刨；留种用的夏甘薯在霜降前收刨；贮藏食用的稍晚一些，但枯霜前一定收完。

2. 收获方法

甘薯收获应尽量选择晴天进行，切忌雨天挖薯。为了便于操作和避免土壤太湿，收获时通常先将地上部茎叶割去。割藤应留薯鼻，以便收获时有目标。小面积栽培，用犁将薯畦两侧犁开，再将块根犁翻一侧。大面积栽培可用机械采收。采收后块根须适度干燥，应注意不可在强光下久晒，以免块根受到灼伤。

甘薯从收获到贮藏，都应认真操作，做到收净、轻刨、轻装、轻运、轻放，保留薯蒂，目的是尽可能减少薯块破伤，防止腐烂。另外，要注意天气变化，要注意防冻、防雨、边收边贮，不在地里过夜，防止鲜薯受冻害。收获后，薯块要选择分类，做好装、运、贮各道工序的工作，对断伤、带病、虫蛀、冻伤、水浸、雨淋、碰伤、露头青、开裂带泥土的薯块剔除，以减少薯窖中的病害发生。同时还要注意春、夏甘薯分开，不同品种分开，大小块分开，种薯单存。为保证来年种薯的质量，种薯应挑选 150 ~ 250 g 的薯块为宜。

（二）贮藏

薯块含水多，皮薄，组织柔嫩，容易破皮受伤，贮藏时易发生冷害和病害造成烂窖。因此，要创造适宜的贮藏条件，方能达到安全贮藏。

1. 呼吸作用

薯块贮藏在氧气充足的条件下，进行有氧呼吸，氧气不足时缺氧呼吸，产生乙醇、二氧化碳和较少的热量。乙醇和二氧化碳过多时会使薯块中毒，引起腐烂。窖温高于 18 ℃ 时，块根呼吸强度较大，容易发芽；低于 10 ℃ 时，呼吸强度弱，甚至失去活力。贮藏的适温为 11 ~ 14 ℃，最适温度为 12.5 ℃。窖内相对湿度低于 70%

和温度较高时，呼吸强度随之提高，薯块容易失水"糠心"。适于贮藏的相对湿度为 85%～90%。此外，受冷害、染病和破伤的薯块，其呼吸强度提高，不利贮藏。

2. 愈伤组织的形成

薯块碰伤后，在高温高湿条件下，伤口表面薄壁组织的数层细胞内淀粉粒消失，细胞壁加厚木栓化，形成新的薯皮，但不具色素，亦有保护功能，这种新薯皮就是愈伤组织。它能代替薯皮，防止病菌侵入和减少水分散失，并使薯块呼吸平稳，增加耐藏力。高温、高湿条件下愈伤组织形成较快；反之则较慢。但高温、高湿时间不能过长，过长有利病菌活动，不利于甘薯安全贮藏。在 32℃、相对湿度93% 和空气充足时，只要 2 d 即能形成愈伤组织。此外，伤口浅小，形成愈伤组织的速度快；反之则慢。

3. 化学成分的变化

薯块在贮藏期间由于淀粉转化为糖、糊精和水，因而降低了淀粉含量。贮藏 5个月的薯块，淀粉含量减少 4.62%，水分、可溶性糖和糊精分别增加 0.99%、3.65% 和 0.21%。薯块中含有原果胶质能巩固细胞壁，提高抗病力。在贮藏过程中，薯块中的部分原果胶质转变为可溶性果胶质，组织变软，致使病菌容易侵入。

（三）烂窖的原因

1. 冷害

有的甘薯品种在 10℃ 以下时，薯块的细胞原生质活动停滞，影响生机，发生冷害。在 -2℃ 时。薯块的细胞间隙结冰，组织破坏，发生冻害。薯块受冷害或冻害后改变了细胞膜的透性，细胞内钾、钙、磷等离子大量漏失，致使氧化酶和磷酸化酶的作用削弱，影响薯块的新陈代谢，抗病性与耐藏性降低；薯块切口与氧气接触后，变为褐色，味道发苦，用力挤压薯块发软，切口流出清水，缺少白浆，煮熟时出现硬心。薯块受冷害的温度越低，发生腐烂越快。薯块腐烂时由于发酵生热而常被误认为热害。

2. 病害

薯块在窖内发病的原因是薯块带病、破皮受伤或窖内病菌传染。黑斑病发生于贮藏初期气温较高的时期，软腐病多发生在受冷害后的贮藏后期。

3. 水分

甘薯入窖后 10 d 左右，因气温较高，出现呼吸高峰，薯堆温度升高，薯堆内水汽上升到堆表时，因温度较低凝结为水，俗称"发汗"，会对堆表薯块造成湿害。盖草可防止"发汗"，对贮藏有利。当窖内湿度过低时，薯块细胞原生质失水过多，酶的活动失常，有机物的分解加强，易发生皱皮、"糠心"，组织容易腐烂。窖内以保持 85%～90% 的相对湿度为宜。

4. 缺氧

甘薯贮藏初期，气温较高，呼吸强度大，如果封窖过早，致使窖内氧气减少，二氧化碳增多，造成缺氧呼吸，薯块发生硬心，甚至发生腐烂。

（四）窖的建造与类型

1. 窖的建造

建窖时间要早，最晚应在收获前半个月建成。窖址要选择避风向阳、地势高燥、土质坚实、运输方便的地方。窖的容积要根据贮量确定，一般为贮薯空间的 3 倍左右。如使用老窖，应在清洁的基础上进行消毒。发病的旧窖可用 50% 多菌灵可湿性粉剂兑水 100 倍喷洒杀菌，还要严格精选健全的薯块贮藏。贮藏量约占窖容积的 70%，1 m^3 可贮藏 500 kg 薯块。

2. 窖型

由于各地自然条件不同，窖的形式也不同。河南主要窖型有三种：

（1）高温大屋窖　建窖要求选择地势高燥的地方盖成房屋形薯窖。屋顶用秸秆加盖厚泥封严。外围四壁用砖建造，中间加 0.15 m 厚的保温草，内围四壁用厚泥糊严，屋内堆放薯块，薯块中间配用通气笼。前墙加门窗，用以调节温湿度。这种方法贮藏量大，适于高温、高湿、愈合防病处理。用此法贮藏，烂薯率低。

（2）深井窖　建窖要求在土质坚硬、地下水位深的地方。这种窖型保温、保湿效果好，但通气较差，运输不便。窖的井筒深约 5 m，井筒上口直径约 0.8 m，下口直径约 1 m，在井筒底部的两边挖洞，洞高约 1.8 m，宽 1.5 m，长约 3 m。

（3）棚窖　多建在地下水位高或土质疏松的地方。建窖较为简便，但要年年拆建。窖挖深约 2 m，宽约 1.5 m，长度随贮藏量而定，窖顶铺玉米秸秆厚约 20 cm，上面盖土厚约 0.5 cm，每隔 1.5 m 左右设置通气孔 1 个，在窖的南面留一窗口，以便进窖检查甘薯。

（五）贮藏管理技术

1. 前期

前期，指入窖后 20~30 d。此期管理上以通风散湿为主，使窖温不超过 15℃，相对湿度保持在 90% 左右。具体方法是甘薯入窖后应打开窖口、气孔或天窗，通气降温。否则窖温可能达到 19℃ 以上，薯块容易发芽。如遇寒流要注意保温防寒。以后，随着温度逐渐下降，日开夜闭，待温度稳定在 14~15℃ 时封窖，同时做好越冬期的保温防寒工作。测试薯堆温度应将温度计置于薯堆内部，中午测温。

高温大屋窖在装好薯块后立即关闭门窗，烧火增温，力争在 18~24 h 使温度上升到 35~37℃，保持 3~4 d 后，打开门窗，要求在 17 h 内把窖温下降到 15℃ 左右。如果升温或降温缓慢，薯块容易发芽。加温时，窖内相对湿度可能低于 70%，可在火道上泼水调湿。

2. 中期

中期，指入窖后 20～30 d 后至翌年立春。该期时间最长，天气寒冷，气温较低，甘薯呼吸作用微弱，释放热量少，最易遭受冷冻窖。因此，该期应注意保温防寒，窖温控制在 12～14℃。最低不低于 10℃，相对湿度保持在 85%～90%。具体方法是，当窖温下降到 13℃ 时，应关闭窖口和通气孔，窖外培土，窖内在薯堆上盖草保温，以减少甘薯呼吸热的散失。窖四周搭设防风障或直接加火升温等。此期测试薯堆温度应将温度计置于薯堆表面，测温时间在早上或晚上。

3. 后期

后期，指立春至出窖。此期气温回升，但寒暖多变。甘薯经过长期贮藏，呼吸微弱，抗逆力差，极易招致软腐病危害。贮藏中期受冻害的甘薯开始腐烂。因此，后期管理必须根据天气寒暖变化，既注意通风，又保暖防寒，特别是早春遇有寒流时，更应注意保暖防寒，使窖温继续维持在 11～13℃。同时，还要及时剔除霉烂和发芽的薯块。

知识链接一：甘薯产业现状及其发展趋势

国外对甘薯食品的开发很重视，尤其是日本。国外甘薯深加工产品已达 2 000 多种，应用于医药、食品、日化、调味、植物生长调节剂、除草剂、杀虫剂、有机玻璃、塑料等行业。人们对甘薯营养和保健功能认识的不断深入以及石油等不可再生资源供应紧张，为我国甘薯食品和工业产品生产提供了广阔的前景，其发展趋势主要体现在以下几方面：

1. 开发培育新型专用甘薯新产品

针对不同产品加工需要开发和种植优质专用型甘薯品种，如适合淀粉生产的高淀粉、低多酚氧化酶型的甘薯，适宜食品加工的高糖型甘薯，适宜生产保健食品的药用甘薯，适合茎尖加工的蔬菜型甘薯，适合鲜食的水果型甘薯等。由于甘薯的不耐冷藏性，开展培育耐冷藏的品种也十分必要，同时还需要制定专用型甘薯的质量标准。针对甘薯原料的季节性、不耐贮藏性及前处理烦琐等原因导致的甘薯生产及消费受限问题，应对甘薯进行保鲜、冻藏、干藏，同时开发甘薯的中间产品（半成品），如速冻薯块、速冻薯泥、速冻蒸甘薯、脱水甘薯、甘薯全粉等，延长企业加工时间，提高设备利用率，提高甘薯的深加工和综合利用水平。

2. 综合利用甘薯茎叶

甘薯栽培容易，茎叶再生能力强，可从秧蔓封垄采摘到10月中下旬，长达5个多月，其产量之高和生长期之长是其他蔬菜无法相比的。此外，甘薯病虫害极少，很少使用农药，基本无污染，利用现有的脱水蔬菜设备和速冻设备将甘薯茎尖叶加工成高档保鲜蔬菜、速冻产品、脱水产品等保健特菜，前景广阔。

3. 综合开发方便食品

对半成品进行综合开发，生产挤压膨化食品、油炸薯片、烤薯片，各式薯脯、薯糕、甘薯早餐粉、速溶甘薯粉、甘薯即食粥等方便食品，既可丰富方便食品的品种，又可大大提高甘薯的附加值。

4. 开发甘薯保健食品和药物

甘薯中大量活性成分的研究和功能性的确定，为甘薯保健食品和药物的开发提供了有力的理论基础和巨大的市场空间及发展潜力。日本利用"日本黑薯""日本黄薯"等特色品种加工出不用添加任何果汁的健康饮料，色泽鲜美，营养丰富，具有明显的抗氧化、消除自由基、减轻肝脏机能障碍等功效。日本还有一种甘薯藤叶保健酒，以薯叶25%、薯藤25%、甘薯50%为原料，用蜂蜜酿制而成。此外可以从甘薯分离提纯功能因子，制造抗癌、艾滋病、心血管疾病、高血压和降胆固醇等药物，可大幅度提高其附加值。

5. 开发甘薯全粉及天然色素

甘薯全粉能够很好地保持其原有的营养素及风味，是制造婴儿营养食品、老年健康食品的天然添加成分。日本每年从中国山东大量进口去皮、熟化、干燥甘薯片以加工成甘薯全粉；美国企业也开始在江苏昆山建厂，利用我国甘薯资源生产甘薯全粉。但国内市场对甘薯全粉认知度仍较低，因此甘薯全粉国内市场还有待进一步开发。

6. 开发甘薯工业新产品

研究表明，生产1 L乙醇只需要2.7 kg薯干，而用玉米作原料则需3.3 kg，用小麦则需3.4 kg。除了传统的乙醇、发酵加工产品以外，新用途的甘薯工业产品不断涌现：日本科学家发现，可以利用甘薯制造可降解生物塑料，甘薯是燃料乙醇非常好的生物资源，其生产效率相对较高。有色甘薯中含有丰富的天然色素，稳定性强，经分离提取后可以直接用于食品中。

资料来源：汤月敏，代养勇，高歌，等．我国甘薯产业现状及其发展趋势．中国食物与营养，2010（8）．

知识链接二：农民专业合作社成为薯业产业化的主力军

鹤壁市淇滨区饮马泉薯业专业合作社成立于 2007 年，是鹤壁市农业产业化重点龙头企业，河南省第一批农民专业示范合作社，国家级示范合作社。位于淇滨区钜桥镇岗坡村东 800 米火龙岗上，园区内土壤、空气、水没有污染，是河南省评定的无公害农产品产地，河南省标准化生产示范基地。

饮马泉薯业专业合作社从事甘薯研究、新品种开发试验示范种植、甘薯育苗推广及回收加工。合作社坚持"民办、民管、民享"的原则，采取"合作社＋基地＋农户"的生产管理模式，以规模化、产业化、商品化为目标，引导农民走共同富裕道路，实现了龙头连市场、基地连农户的产业化经营格局。基地常年聘请河南省农业科学院专家进行品种繁育、更新和技术指导。

目前，合作社推广种植有淀粉型、烧烤型、水果型、茎尖蔬菜型、彩色鲜食型、迷你特色型等十几个优良品种，迎合了市场多种需求。为了提高甘薯的附加值，合作社按照传统工艺制作原汁原味的手工纯甘薯粉条、甘薯粉皮等产品，深受消费者好评。

思考与练习

1. 什么样的环境条件适合甘薯生长？
2. 简述甘薯烂窖的原因、贮藏期间的管理技术。
3. 思考发展甘薯产业的合理化建议和注意事项。

模 块 七
几种主要油料作物

【学习目标】

　　1. 了解河南省油料作物生产概况、生态区划、种植模式、产量构成要素等基本知识以及河南省油料作物生产中存在的问题。

　　2. 掌握花生、油菜、芝麻等油料作物的生长发育特点、逆境因子应对措施，不同生育期的管理关键及病虫害防治技术。

　　3. 熟悉花生、油菜、芝麻等油料作物高产生产技术要点。夏播花生、油菜直播、芝麻直播等生产技术要点。

　　中国油料作物主要包括花生、油菜籽和芝麻。2013 年，河南种植花生面积达到 100 多万hm^2，占全国 22% 以上，油菜种植面积 37 万hm^2，占全国的 4.9%。花生产量达到 471 万t，占全国花生总产量 1 697 万 的 27.8%；油菜籽产量达到 89.8 万t，占全国油菜籽总产量 1 446 万 的 6.2%。而芝麻总产量达到 26.9 万t，达到全国芝麻总产量 62.35 万t 的 43.1%。

学习任务一　花生

一、概述

　　花生是一年生双子叶草本植物，属于豆科蝶形花亚科花生属。我国各地均有种植。

　　花生是我国三大重要油料作物之一，生产上分为三大产区，北方大花生区、南方春秋两熟花生区和长江流域春夏花生交作区。河南属于北方大花生区。

　　花生仁营养丰富，含油量 50% 左右。花生油品质优良，营养丰富，淡黄透明，气味清香，不饱和脂肪酸占 80%，用来烹调佳肴、加工食品，色泽好，香味纯正，是人们所喜欢的主要食用植物油。而且，花生蛋白质含量丰富，达30%，含有人体必需的各种氨基酸。此外，花生含有大量的碳水化合物和多种维生素以及铁、钙等营养元素。花生俗称"长生"，素有长生果之称。

二、花生生产的营养条件及各生育时期的管理目标

花生从播种到新种子成熟所经历的时间，称为花生的生育期。花生一生可分为发芽出苗期、幼苗期、开花下针期、结荚期和饱果成熟期等五个生育时期。花生种植类型有春花生和夏花生。

花生在整个生长发育过程中需要氮、磷、钾、钙、镁、硫等大量元素和铁、钼、硼、锌、铜、锰等微量元素。尤其是氮、磷、钾、钙四种元素需要量大，被称为花生营养的四大元素。

（一）发芽出苗期

1. 生长特点

发芽出苗期，营养主要依靠种子本身供给，对肥料没有严格的要求。重点是对温度和水分的需求。种子发芽的最低温度为12~15℃，最适温度为25~37℃。适宜的土壤含水量为田间持水量的60%~70%。

2. 管理目标

花生发芽出苗期管理目标是在苗全、苗齐的基础上培育壮苗。

（二）幼苗期

1. 生长特点

花生苗期地上部生长缓慢，根系生长迅速，以生根、分枝、长叶等为主进行营养生长，同时有效花芽大量分化。此期为植株氮素饥饿期、对氮素缺乏敏感。但对肥水的需要总量较少，若肥水过多易引起茎叶徒长。此期也是根瘤形成期，对磷、钼等肥料需求较多。苗期耗水量少，也是花生最耐旱的时期，适宜的土壤含水量为田间持水量的50%~60%。

2. 管理目标

花生苗期管理目标是促进第一、第二对侧枝早生快发、健壮发育，争取形成更多的有效花芽。

（三）开花下针期

1. 生长特点

此期营养生长和生殖生长并进，一方面根系、茎叶旺盛生长，另一方面大量开

花、下针，有效花全部开放，部分果针入土结果。此期是决定有效花数和有效果针数的关键时期。根吸收能力增强，对肥水需要量增加。氮、磷、钾的吸收量为一生总需求量的最高峰。同时，也是水分需求敏感期，适宜的土壤含水量为田间持水量的60%~70%。水分过高易出现茎蔓徒长，水分过低则花量显著减少。此外，硼可以刺激花粉的萌发和花粉管的伸长，缺硼会导致空果率增加。

2. 管理目标

花生开花下针期管理目标是生长稳而不旺，多开花，多下针。

（四）结荚期

1. 生长特点

花生结荚期是营养生长和生殖生长最为旺盛，地上部生长量达高峰，植株逐渐封行，大批果针入土结果，果针、总果数不再增加；干物质积累迅速，积累量达到干物质总量的一半以上。

2. 管理目标

结荚期的管理目标是促进荚果发育，实现果多、果饱。

（五）饱果成熟期

1. 营养特点

饱果成熟期营养生长逐渐衰退，荚果迅速膨大饱满，饱果数迅速增加，根系的吸收能力逐渐减弱。加强叶面追肥延长叶片的功能期，可增加饱果率。

2. 管理目标

饱果成熟期的管理目标是延长叶功能期，促进果饱，防止烂果。

三、花生地膜栽培技术

（一）花生地膜覆盖的增效作用

花生地膜覆盖生产一般比露地生产增收30%以上，并能使花生提早成熟，饱果率、出仁率、蛋白质含量和粗脂肪含量等均比露地生产有不同程度的提高。研究表明，花生地膜覆盖较露地生产单株结果数多1.7个，饱果率增加13%~25%，出仁率提高4%~5%，每公顷增产1 200 kg。地膜覆盖技术的应用，对于北方地区解决低温、干旱和无霜期短等不利自然条件，大幅度提高花生单产意义重大。

（二）地膜覆盖技术

1. 选择优质地膜

花生是地上开花、地下结果的农作物，对地膜的要求除宽度适宜、透明度好外，还应能使果针顺利穿透薄膜入土结实。一般应选用无色透明的微膜和超微膜。超微膜比微膜效果稍差，但生产成本低。幅宽一般85～90 cm，夏直播可用80 cm。选择带除草剂的药膜，效果更好。

2. 深耕整地起垄施基肥

整地质量直接关系到覆膜的质量和增温、保温、保墒的效果。整地要求土壤细碎无根茬。起垄时垄面中间略有突起，垄高10～12 cm，垄面宽55～60 cm，畦沟宽30 cm。地膜花生长势强，发育快，产量高，需养分多，外加生长发育期间不能破膜追肥，播前应一次性施足基肥。综合各地经验，每公顷生产4 500 kg时，施有机肥料约60 t、过磷酸钙500 kg、硫酸钾200 kg，整地时一次施入，保证养分供应，一般不根际追肥。

3. 提高播种质量

地膜花生一般比露地花生提前7～10 d播种，北方春播时，以5 cm地温稳定在12.5 ℃为适播期。播种方法有两种，即先播种后覆膜和先覆膜后播种。一般沙土地、水利条件差和播种偏早的地块，宜采用先播种后覆膜；而播种较晚，特别是夏播覆膜种植，则必须先覆膜后打孔播种。播深比露地栽培稍浅，以3 cm为宜。同时应做到足墒播种，即土壤绝对含水量在15%以上，否则应浇水造墒后再播。

4. 提高覆膜质量

覆膜时做到拉紧、伸平、伸直、覆严，确保覆膜质量，达到覆膜效果。未使用含除草剂药膜时，覆膜前必须施用除草剂。覆膜结束后，再用除草剂喷洒畦沟，防治沟内杂草。

5. 加强田间管理

（1）放苗扒土清棵　对于先播种、后覆膜的田块，在顶土鼓膜（即刚见绿叶）时，要及时开孔放苗，然后随即用湿土把膜孔盖严，以便封膜保温、保湿。当幼苗有两片真叶展开时，要及时扒土清棵，使第一对侧枝见光，保证茎基部生长健壮。当有4片真叶展开时，要检查膜下是否有分枝横生，若有，应及时从膜下引出，以免影响侧枝生长和花芽的分化。

（2）化学调控　覆膜花生生长发育快，中后期如遇高温多雨，易徒长倒伏。对有徒长趋势的田块，应及时实施化学调控，以协调营养生长与生殖生长的关系。

（3）喷肥保叶防衰　后期重点保护功能叶片，当植株有脱肥现象时，应及时进行根外施肥，以防植株早衰，促进荚果饱满。

（4）浇水排水　适时浇水排水，并加强病虫害的综合防治。

（5）收获清除残膜 覆膜花生较露地花生一般提早 7～10 d 成熟，应及时收获。收后，捡净残膜，以免造成白色污染，影响来年种植农作物。

四、夏直播花生栽培技术

（一）夏直播花生的意义

夏花生即夏播花生，有麦垄套种或麦后直接播种两种生产方式。在河南主要是麦垄点种或宽幅套种。麦垄点种，可以延长花生的生育期，有利于增产。麦后直接播种，则因播种期偏晚，产量及荚果饱满度均不如麦垄点种效果好。但是，麦后直播花生，播种简便、易采用机械化，对稳定花生种植面积具有重要的意义。

（二）夏直播花生的生产技术

1. 整地

夏播花生要在播种小麦时，深耕深翻，施足基肥，以基本满足小麦和夏播花生两季农作物对营养的需求。

2. 品种选择

选择中、早熟品种是夏直播花生高产的基础。选择中、早熟品种可以缓解前茬作物的收获期和后茬作物播期的影响。

3. 及时播种

麦垄套种夏花生，一般应在麦收前 15～20 d 播种，对于高产田，因小麦群体大，田间郁闭，播期应晚些，低产田则可早些。对于麦后直播花生，应抢时铁茬播种。

4. 适当增加密度

夏直播花生生育期较短，植株矮小，生长量不足，可适当增加密度，发展全体优势，争取总果数。

麦套花生种植密度是个关键，要因地制宜选择套种方式、方法。为确保全苗，应选用高质量种子，同时，套种前结合浇麦造墒，足墒下种。

5. 加强田间管理

根据夏花生的生育特点，在田间管理上，应以促为主。前期促早发，中期稳生长，后期防早衰。

（1）尽早灭茬 麦收后要立即中耕灭茬、除草，破除土壤板结，促使根和茎枝发育。

（2）合理施肥 在前茬作物肥力的基础上，适时合理追肥，重施磷、钾肥，适当施氮肥，重视微肥使用。

（3）化学调控　夏播花生前期气温高，营养生长易过旺，适时化学调控有利于花生开花下针。增加结荚率。

（4）浇水排水　花生需水具有前期少、中期多、后期少的特点。6月多为干旱季节，此时正是花生播种期，要及时灌溉。7~8月的多雨季节，花生进入开花结荚期，应及时排除积水，保证荚果正常发育。9~10月是花生荚果形成发育期，如遇秋旱，应及时浇饱果水。

（5）后期预防早衰　结荚后期及时喷施叶面肥，延长顶叶功能期，提高饱果率。尤其是在磷、钾肥不足的田块，更应加强后期防早衰的工作。

学习任务二　油菜

一、概述

油菜是一年生或越年生长日照草本植物，属于十字花科芸薹属。我国各地均有种植。

油菜是我国的三大油料作物之一，而且是我国唯一的冬季油料作物，常年种植面积在500万 hm^2 左右。河南种植面积在40万 hm^2 左右，产量每公顷在2 300 kg左右。生产上分为冬油菜区和春油菜区，其中，冬油菜区占种植面积和产量的90%以上。河南属于冬油菜区。

油菜籽含油丰富，占种子干重的35%~45%，出油率35%以上。菜籽油含有丰富的脂肪酸和多种维生素。菜籽油晶莹透亮，烹饪时无油烟，无异味，清香纯正，而且菜籽油还含有较多的植物固醇，可以阻止人体对胆固醇的吸收。是大家喜欢的主要食用油之一。

二、油菜生产的营养条件及各生育时期的管理目标

油菜从播种到新种子成熟所经历的全过程，称为油菜的生育期。油菜一生可分为出苗期、苗期、蕾薹期、开花期和角果发育成熟期五个生育时期。油菜种植类型有冬油菜和春油菜。

油菜在整个生长发育过程中，需要多种营养元素，其中以氮、磷、钾三大要素需要量最大，微量元素硼也是油菜容易缺乏和反应敏感的重要元素。

（一）出苗期

1. 生长特点

油菜种子小，播种浅，发芽时吸水量大，播种时土壤墒情对发芽影响很大。发

芽以土壤水分为田间最大持水量的60%～70%较为适宜，种子需吸水达自身干重60%左右。另外，油菜发芽需氧量较高，而且发芽初期土壤偏酸性对发芽有利。油菜属于子叶出土型作物。

2. 管理目标

油菜出苗期管理目标是苗全、苗齐的基础上培育壮苗。

（二）苗期

1. 生长特点

苗期是营养器官的生长时期，其生长中心是叶片和根系。由于油菜吸肥力强，所以对土壤肥力要求较高，对氮、磷、钾需求量大，尤其是对缺磷比较敏感。因此，苗期容易出现缺肥，要早施追肥、重施磷肥。

2. 管理目标

油菜苗期管理目标是促进地上苗和地下根系的生长，实现壮苗健苗。

（三）蕾薹期

1. 生长特点

蕾薹期是油菜一生中生长最快的时期。此期营养生长和生殖生长并进，但仍以营养生长为主，生殖生长则由弱转强。表现在主茎伸长，增粗，心叶尖而上举，叶片面积迅速增大，在蕾薹后期一次分枝出现，根系继续扩大，活力增加。花蕾发育长大，花芽数迅速增加，至始花期达最大值。可见，蕾薹期是油菜生长极为旺盛的时期，主要是吸收氮素。由于油菜叶茎中的钾素含量较高，蕾薹期对钾素吸收比例较高。因此，要稳施、重施蕾薹肥。

2. 管理目标

油菜蕾薹期管理目标是蕾薹期是搭好丰产架子的关键时期，要求达到春发、稳长、枝多、薹壮。

（四）开花期

1. 生长特点

油菜开花期的长短，与品种类型、气温高低、空气湿度等都有密切关系。开花期主茎叶片长齐，叶片数达最多，叶面积达最大。至盛花期根、茎、叶生长则基本停止，生殖生长转入主导地位并逐渐占绝对优势，表现在花序不断伸长，边开花边结角果，因而此期为决定角果数和每果粒数的重要时期。由于油菜对硼、钼、锰、锌等微量元素的需求量较多，尤其是对硼十分敏感，虽然硼不是油菜植株体内有机物的组成部分，但是对油菜的生理代谢具有重要的作用，不仅可以促进植株体内碳水化合物的运输和分配，促进生长及花器官的分化和发育，刺激花粉粒发育、受精，增强对病害的抵抗力。因此，开花期及时施硼等微量元素肥，可以促进油菜的开花和结角。

2. 管理目标

油菜开花期管理目标是调控氮肥数量，促进多花、多果、多粒的形成。

（五）角果发育成熟期

1. 生长特点

角果发育成熟期终花至成熟的这段时间为角果发育成熟期，也是整个油菜生育过程的最后阶段。此期叶片逐渐衰亡，光合器官逐渐被角果取代，在种子中不断积累油分。对氮、磷、钾肥的需求量显著降低，但对微量元素肥料仍有一定的需求，可根据长势，适时喷施微量叶面肥。此外，田间渍水或过于干燥易造成早衰，产量和含油率降低。

2. 管理目标

油菜角果发育成熟管理目标是延长叶功能期，提高油菜结实率，增加粒重。

三、直播油菜栽培技术

（一）直播油菜栽培技术的概况

我国北方冬、春油菜区一般均采用直播栽培。世界各国，特别是机械化程度较高的国家，多采用直播方式。同移栽油菜比，直播油菜主根入土深，能吸收土壤深层养分和水分，抗旱、抗寒、耐瘠、抗倒伏能力较强；同时由于播种较晚，在一定程度上能错过油菜病毒病和菌核病的主要感染期，但直播油菜用种量大，苗期管理不及时易形成高脚苗，因此需采用相应的措施。

（二）直播栽培技术

1. 确定播期

一般应考虑气候条件、种植制度、品种特性、病虫害情况等因素。冬油菜应充分利用冬前较高温度，进行足够的营养生长，形成壮苗越冬。其适宜的播种期，一般在旬平均气温20℃左右或冬前 >0℃有效积温达900℃时的始期为直播适期。秋季气温下降早、降温快的地区和高寒山区应适当早播，秋雨多或秋旱严重的地区，应抓住时机及时播种。播期的确定还应考虑茬口安排以及移栽苗龄和移栽期，避免形成老化苗、高脚苗。春性强的品种应适当晚播。病毒病、菌核病发病严重地区，应适当迟播。

2. 选择播种方式

油菜直播（条播、穴播、散播）可采用不同的机械化技术。整地机播，用播种机将种子直接播入土壤。免耕机播，在未耕地上采用多功能播种机（灭茬、碎土、播种、覆土、镇压）将种子播入土壤。

3. 处理种子

进行晒种、精选和大粒化。种子在播种前要晒种 1～2 d，每天晒 3～4 h，要摊薄、勤翻，以免晒伤种子。然后进行种子精选，如风选和筛选，也可以盐水选，或者温汤浸种，一般用 50℃ 的温水浸种 15～20 min，可以起到杀灭病菌及催芽两种作用。生产上一般要进行种子大粒化处理，包衣种子直径可扩大 2～3 倍，减少播种用量，促进全苗壮苗。

4. 加大播种量

由于没有移栽苗的缓苗期，因而可比育苗移栽的播期晚 10～15 d。因为播期推迟，生长期缩短，苗期管理也不易精细，应加大密度来弥补个体发育不足，以确保高产。同一品种在相同条件下应比移栽油菜增加 30% 左右的总株数，每公顷播量为 4～6 kg。

5. 加强田间管理

直播油菜多采用直播或点播，因播种量大，出苗后应及时间苗，推迟定苗，至 4～5 片真叶时进行，并及时浇水，追肥补苗，除草和防治病虫。

6. 注重施肥技巧

根据油菜不同生育时期的需肥特点、产量指标和土壤养分水平合理确定。重视多种营养元素的配合使用，在保证氮、磷、钾配合使用外，重点增施硼肥。此外，油菜是需肥量较多的作物，因此可以适当增大施肥量。施肥的基本原则是施足底肥，早施苗肥，稳施薹肥，巧施花肥。

四、育苗移栽油菜栽培技术

（一）育苗移栽油菜栽培技术的概况

育苗移栽的种植方法能充分利用生产季节，缓解茬口矛盾，并且有利于苗齐苗壮，植株生长稳健，实现油菜的高产稳产。

（二）育苗移栽油菜栽培技术

1. 培育壮苗

（1）壮苗标准　所谓壮苗，是指苗龄足够，器官发达，功能旺盛，生命力强，有利于形成高产群体的油菜苗。壮苗的标准应该是与一定的栽培技术和生产力水平相统一的，不同的生产力水平，壮苗的标准也不一样。

（2）苗床准备　苗床一般选择地势平坦、土质肥沃、背风向阳、靠近水源、排灌方便且未种过十字花科蔬菜的旱地、早茬地和半沙半黏地作苗床。苗床的大小是培育壮苗的一个重要条件，苗床不宜过大，也不宜过小。苗床面积小，容易发生苗挤苗现象，形成大量的高脚苗，导致幼苗生长发育不良。苗床与大田比例一般为1:5。

苗床整地要求做到"平、细、实"。平是指厢面平，下雨后或浇水时不产生局部积水；细是要求表土层细，上无大块下无暗垡，种子能均匀落在土壤细粒之间，深浅一致；实是要求在细碎的基础上适当紧实。苗床施肥，苗床在耕地时应施足底肥，底肥以有机肥为主，氮、磷、钾配合。

（3）种子处理　播种前要先将种子进行精选、消毒，然后拌入种肥再播种。种子精选可以用风力选种、盐水选种和胶泥水选种。油菜病害多发的地区要注意种子进行药剂拌种。

（4）播期　播种时间，一般为9月中下旬至10月上旬，其他地方要根据当地条件适期播种。

（5）播种量　播种量一般甘蓝型油菜每公顷播种7～10 kg，杂交品种为5～8 kg，白菜型油菜可适当增加播量，芥菜型油菜适当减少。播种前必须使苗床土壤充分温润，一般可用清粪水浇泼保证出苗迅速。播种要求落子均匀。

（6）苗床管理　种子出苗后应及时进行苗床管理，早间苗定苗，早进行肥水管理并注意病虫害防治。间苗要做到去弱留壮、去小留大、去杂留纯、去密留匀、去病留健。一般在苗齐后进行第一次间苗，做到苗不挤苗。1片真叶时第二次间苗，苗距约为3～6 cm，做到叶不搭叶。3片真叶时定苗，苗距8～9 cm。苗床一般追2次肥。定苗时施第一次追肥，以速效氮肥为主，勤施少施，促根长叶。第二次在移栽前6～7 d施一次"起身肥"，便于取苗，移栽后易成活。结合施肥，注意除草，同时勤浇水排水。苗期主要害虫有菜青虫和蚜虫等，以蚜虫危害最重，除直接危害油菜外，还传播病毒病。苗床期主要病害有病毒病、猝倒病和白锈病。

2. 移栽

油菜育苗移栽应抓紧时机适时早栽，一般以旬平均气温13～15℃，10月中下旬移栽为好。

移栽要做到"全、匀、深、直、紧"五大要求。全是指起苗时少伤根叶，多带护根土，全叶下田。匀是指大小苗要分级移栽、行株距要均匀。深指根和根颈要栽入土中，不要露出土面。直是要根直苗正。紧指栽后压紧，使根土密接。

起苗时，要求土壤湿度较大，若苗床缺水坚硬，应在起苗前一天浇透水，使土壤湿润，以便起苗少伤根。起苗应在露水干后进行，有露水起苗时容易扯断。起苗时要力求少伤根，多带护根土，除去弱、病、伤杂苗。苗按大小分级，分田块移栽，以保证同一块田内秧苗整齐一致，有利于田间管理。油菜移栽要做到三栽三不栽，即要栽直根苗，不栽弯根苗；栽紧根苗，不栽吊根苗；栽新鲜苗，不栽隔夜苗。移栽时按幼苗大小分级栽植，做到行株距均匀，并用细沙泥土掩盖根茎，以利发根。移栽要做到边起苗，边移栽，边浇定根水及返青肥。

3. 合理密植

油菜育苗移栽，要注意合理密植。一般水肥条件好，播种期早，个体生长旺盛，株型松散，分枝部位低，晚熟品种和气温较高、雨水较多的情况下应适当栽稀些，反之宜密。在菌核病严重的地区，应适当稀植，而病毒病严重的地区应适当增大密度，以提高田间湿度，控制蚜虫繁殖和迁移，减轻病毒病的传播和蔓延。

不同地区不同条件下的适宜种植密度差异较大。一般在较肥地力条件下，早播以每公顷种植 12 万~18 万株为宜，中等地力水平下以每公顷种植 15 万~20 万株为宜，瘦地迟播以每公顷种植 20 万~30 万株为宜。

学习任务三　芝麻

一、概述

芝麻是一年生双子叶草本植物，属于胡麻科胡麻属。

芝麻是世界上四大油料作物之一。我国主产区集中在黄淮平原和长江中下游地区。常年种植面积在 20 万 hm^2 左右，产量每公顷 1 200 kg 左右。河南种植面积在 12 万 hm^2 以上，主要集中在驻马店、周口和南阳等地市。

芝麻种子含油丰富，品质优良，用途广泛。其含油量45%~62%，出油率在50%左右。芝麻油气味醇香可口，营养丰富，既是强身健体的滋补品，又是风味别致的调味品。芝麻油中含有较多的亚油酸及抗氧化物质芝麻酚和芝麻林素。因而芝麻油耐存放，不易变质，而且可以阻止食物中纤维素的分解，还能助吸收和消化，抑制人体胆固醇和脂肪的形成，对防治疾病和延年益寿具有显著的作用。芝麻油及芝麻酱是为我们喜爱的调味品。

二、芝麻生产的营养条件及各生育时期的管理目标

芝麻从播种到新种子成熟所经历的全过程，称为芝麻的生育期。油菜一生可分为发芽出苗期、苗期、蕾期、花蒴期和成熟期五个生育阶段。芝麻种植类型有春芝麻和夏芝麻。

芝麻从土壤中吸取最多的养分是氮、磷、钾三种要素，尤其是氮和钾的需求量最大，磷次之。同时，也需要一定量的硼、锌、锰、钼等微量元素。芝麻生育期较

短，根系分别浅，追肥应早施浅施，以无机肥料为主，增施微量元素肥。

（一）发芽出苗期

1. 生长特点

芝麻种子小，贮藏的养分少，幼芽细嫩，顶土力弱，出土比较困难，播种的比较浅。由于芝麻是一个极怕涝稍耐旱的作物，所以，播种时土壤墒情对发芽出苗影响很大。

2. 管理目标

芝麻发芽出苗期管理目标是实现苗早、苗全、苗齐基础上的壮苗。

（二）苗期

1. 生长特点

芝麻幼苗生长缓慢，植株需肥量少，在底肥充足、幼苗生长健壮的情况下，无须追肥。如果土壤瘠薄、底肥不足的情况下，需要尽早追施速效肥，以促进幼苗健壮生长。

2. 管理目标

芝麻苗期管理目标是及时间苗、定苗，培育壮苗、健苗。

（三）蕾期

1. 生长特点

蕾期追肥芝麻现蕾以后，根系吸收能力增强，植株生长速度加快，对养分吸收量明显多，特别是芝麻初花以后，是植株生长最盛、干物质积累最多、养分需要量最大的时期，因此，在开花前的蕾期应追足够的肥料，以促进株高增长，加长有效果轴长度，增加节数和蒴数，促进芽分化，对增产效果最为明显。

2. 管理目标

芝麻蕾期管理目标是早追肥，增加有效果轴长度，增加节数和蒴数，促进芽分化，为高产奠定基础。

（四）花蒴期

1. 生长特点

芝麻花蒴期是营养生长与生殖生长并进的旺盛时期，需要充足的养分、水分。芝麻进入花期后，即开始大量吸收养分。土壤养分充足才能满足花蒴期的需求。而且，芝麻具有无限生长习性，充足的养分，有利于增加有效蒴果数。芝麻开花节节高，正是反映芝麻开花与蒴果形成的共生性和无限生长性。

2. 管理目标

芝麻花蒴期管理目标是有效延长有效花期，争取蒴多、蒴大，防倒伏、防早衰、防旱。

（五）成熟期

1. 生长特点

芝麻成熟期，植株各器官的营养物质迅速向蒴果运输、转化和积累。该期营养生长基本停止，以生殖生长为主。为了延长叶茎的功能期，增施叶面肥是有效的措施，增加硼等微量元素肥的效果更突出。

2. 管理目标

芝麻成熟期管理目标是保根护叶，力争蒴大、粒饱、含油量高。

三、芝麻栽培技术

芝麻是喜温植物，7 月是芝麻播种的最佳时期，芝麻适宜在土壤疏松、排水良好的沙壤田栽培，生育期一般在 85~95 d，每公顷产量在 1 200~1 500 kg。

（一）培育壮苗

芝麻种子小，贮藏养分少，顶土力弱，因此，培育壮苗难度大，要求高。

1. 播期

夏芝麻适宜的播期是 5 月下旬至 6 月上旬。秋芝麻适宜的播期是 7 月上旬、中旬，在热量较好的情况下可以迟到 7 月下旬。

2. 播种方式

有点播、撒播和条播三种。撒播是传统播种方式，适宜与抢墒播种。撒播时种子均匀疏散，覆土浅，出苗快，但不利于田间管理。条播能控制行株距，实行合理密植便于间苗中耕等田间管理，适宜机械化操作。点播每穴 5~7 粒种子。无论何种播种方式，浅播、匀播，深度 2~3 cm 为宜。

3. 播种量

每公顷用种量，撒播为 6 kg，条播为 5 kg，点播为 4 kg。在土壤肥力高、病虫害少、含水量高的田块可适当少播。

4. 种植密度

目前，夏芝麻单秆型品种的种植密度为每公顷 12 万~15 万株，分支型的品种 9 万~12 万株；秋芝麻单秆型品种每公顷 22 万~30 万株，分枝型品种 18 万~22 万株。

5. 育苗移栽

为了延长芝麻的生育期，提高芝麻产量，在水肥条件好，劳力充足的地方，可采用育苗移栽。移栽前一个月育苗，6叶期移栽为宜，现蕾期必须完成移栽。移栽最好带土，栽后及时浇水。

（二）苗期管理

芝麻苗期以营养生长为主，茎、叶生长较慢，根系吸收能力低，幼苗顶土能力差，既怕草荒，又怕苗荒；既怕水渍，又怕干旱。因此，苗期管理的主要任务是创造良好的环境条件，保证苗全、苗匀，壮苗早发。

1. 查苗补缺

芝麻幼芽顶土力差，播种质量、播后遇雨等都可能影响芝麻出苗，因此，苗期要及时查苗补缺。

2. 间苗定苗

一般在1对真叶时间苗，2～3对真叶时定苗。间苗和定苗时要求做到留壮、留匀、不断行、不缺棵。如因苗差或管理折损幼芽，造成缺苗时，结合定苗进行疏密补缺，力争全苗。

3. 早施苗肥

土壤瘠薄、底肥使用不足或晚播的夏芝麻，幼苗长势弱，应尽早追肥提苗肥，其增产效果显著。如土壤肥沃，底肥充足，幼苗健壮，可不施苗肥。

4. 中耕松土

芝麻开花前一般要求中耕三遍，即所谓的"紧三遍"，是芝麻中耕的关键。中耕三遍的时间分别是：1对真叶时第一次中耕，深度要浅，目的在于除草保墒；2～3对真叶时第二次中耕，耕深为5～8 cm；4～5对真叶时第三次中耕，耕深为8～10 cm。

5. 注意排灌

芝麻苗期需水量小，土壤水分过多不利于芝麻的生长发育。因此要注意排水，做到既无明水，又滤暗水。但土壤中水分也不能过少，当田间持水量低于60%时，应当轻浇，浇后及时中耕。

6. 防治病虫害

芝麻苗期病虫害主要有立枯病、青枯病和蚜虫、地老虎等。病害除靠轮作、种子处理防治外，苗期多中耕，培育壮苗，可以增强抗病力，减轻危害。

（三）花蒴期管理

芝麻花蒴期是营养生长和生殖生长并进的旺盛生长时期，需要充足的养分、水分等。主要管理目标是力争延长有效花期，争取蒴多、蒴大，防倒伏、防早衰、防涝、防旱。

1. 重施花肥

芝麻进入开花期即开始大量吸收养分，因此，现蕾后应追施足够的肥料，以满足旺盛生长时期的需要。现蕾后追施花肥增产效果显著。

2. 中耕培土

花蒴期勤中耕、浅中耕，能改善土壤透气性，有利于肥料分解，促使根系健康生长。芝麻是浅根农作物，随着地上部的增长，也增加了根系的支撑重量，往往会发生倒伏。因此，进入花蒴期以后，在每次中耕的同时，要培土固根，防止倒伏。

3. 抗旱排涝

花蒴期是芝麻一生中需水最多的时期，也是决定植株高矮的关键时期。在该期内，芝麻对水分反应非常敏感，既不能忍受长期的干旱，更不能抵抗短期的水涝或渍害。此期已进入雨季，各地雨量分布不均，常出现间歇性旱涝灾害，对芝麻蒴数、粒数和粒重都有很大影响。因此，要求做到适时浇灌和排水，保持土壤湿润疏松。

（四）成熟期管理

芝麻生长后期，植株各器官的营养物质迅速向蒴果运输、转化和积累。该期营养生长停止，以生殖生长为主。主要任务是保根护叶，力争蒴大、粒饱、含油率高。

1. 适时打顶

芝麻具有无限结蒴习性，茎顶端有一部分花蕾不能形成蒴果，一些蒴果内的种子不能成熟，形成"黄梢尖"，消耗养分。如果能及早把这一部分梢尖去掉，使养分集中于中下部的蒴果，可以提高芝麻的产量和品质，芝麻适时打顶一般增产约10%。打顶时间在芝麻"封顶"以后，茎顶端生长衰退，由弯变直，即所谓芝麻抬头的时候。打顶的适宜长度约3 cm。

2. 保护叶片

芝麻上部叶片是后期进行光合作用的重要部分，对促进籽粒饱满、提高含油率有重要作用。生产中应打顶不打叶，喷施叶面肥等。

3. 防旱排涝

芝麻封顶以后，耗水量减少，保持土壤适宜含水量和透气性，充分发挥根系功能，有利油分形成和积累。遇旱时，要适当灌水，以防早衰和籽粒不饱。灌水时，采用小水沟灌，灌后适墒中耕，保持土壤通透性，切忌大水漫灌。如遇秋涝，要及时排水。

（五）收获与贮藏

1. 收获

芝麻成熟的特点是自下而上依次成熟，往往下部蒴果已成熟炸裂，上部蒴果还在发育，如果等上部蒴果全部成熟时收获，下部蒴果就会因过熟炸裂而造成损失。下部叶片脱落，中上部叶片大部分变黄，个别植株下部蒴果开始炸裂，种子由白色变为品种本色时，即是芝麻的适宜收获期。这时收获可以避免下部种子损失，而上部种子通过堆闷后熟，仍不影响产量。一般春芝麻8月中下旬收获，夏芝麻8月下旬至9月中旬收获。芝麻出现收获长相时，应尽快收获，且在早晨收割，做到熟一块收一块、熟一片收一片，保证丰产丰收。

2. 贮藏

贮藏芝麻要晒干扬净，不含杂质，种子含水量以保持在7%左右为好，最高不超过9%，否则，容易发霉变质，出油率、发芽率都会降低。

知识链接一：认识彩色花生

彩色花生，又称多彩花生、多色花生、五彩花生。彩色花生是普通花生因果仁外皮颜色变异产生多种颜色而来。彩色花生主要分为黑花生（黑花生也被称作富硒黑花生、黑粒花生。黑花生内含钙、钾、铜、锌、铁、硒、锰等8种维生素及19种人体所需的氨基酸等营养成分。黑花生与红花生相比，粗蛋白质含量高5%，精氨酸含量高23.9%，钾含量高19%，锌含量高48%，硒含量高101%。白玉花生（白玉花生具有蛋白质、精氨酸、硒、钾等高含量的优良特性，各种微生物含量高于普通花生2~3倍，蛋白质含量高达31.2%，含油率高达51.4%，外观似白玉，晶莹剔透，有光泽，味美似核桃，具有香甜味）、珍珠花生（珍珠花生质地细腻、香味浓郁、营养价值特别高，富含氨基酸，蛋白质含量达46%，出油率高）等几个品种。

知识链接二：传统的石磨芝麻油

芝麻油（又称香油）的历史甚是久远。早在三国时已有文字记载，《三国志·魏书》中说："（孙）权自将号十万，至合肥新城……折松为炬，灌以麻油，从上风放火……"那时的麻油是用石臼法或木榨法生榨芝麻而成。晋人张华《博物志》有"煎麻油，水气尽，无烟，不复沸则还冷，可内手搅之"的内容。南北朝时，芝麻油已广泛用于餐饮。到了唐宋年间，芝麻油被视为最上等的食用植物油，应用得更加广泛。小磨香油现在以河南、河北为主要产地。

小磨香油还有它独特的医疗保健功能。《神农本草经》中介绍芝麻"益气力，长肌肉，填脑髓"，"久服，轻身不老"。

据营养学家科学分析，芝麻中富含人体所需要的营养物质，确能延缓人的衰老，起到美容作用等，食用香油，对保护血管、润肠通便、减轻咳嗽和烟酒毒害、保护嗓子、治疗鼻炎等都功效不凡。

一些营养师认为，石磨芝麻油对中老年人来说，是最好的佐餐味素之一。

首先，芝麻油浓郁的香气，对消化功能已减弱的中老年人来说，不仅可增进食欲，更有利于营养成分的吸收。芝麻油本身的消化吸收率也较高，可达98%。芝麻油大量的油脂，还有很好的润肠通便作用，对便秘有一定的预防作用和疗效。

其次，芝麻油对软化血管和保持血管弹性均有较好的效果，其丰富的维生素E，有利于维持细胞膜的完整和功能正常，也可减少体内脂肪的积累。

最后，芝麻油中的卵磷脂不仅滋润皮肤，而且可以祛斑，尤其可以祛除老年斑。中老年人久用芝麻油，还可以预防脱发和过早出现白发，特别是黑芝麻油。对于牙龈出现萎缩的中年人，特别是还有抽烟和嗜酒习惯的人来说，久用芝麻油可保护牙龈和口腔。

石磨芝麻油的加工有独特的加工工艺。石磨芝麻油一般经过几个环节：①选料炒籽。选成熟饱满、干湿适中的新芝麻，先用簸箕清除各种杂质，也可用清水漂洗除去漂浮的杂质和沉底的泥沙，然后堆闷起来，使其均匀吃水。炒芝麻时，先用急火加热，当快熟时，渐减火势，并加快搅动，促进烟和水汽的放出。芝麻呈黄褐色时，迅速取出，摊开降温，并簸去炒焦的碎末渣滓。②细磨芝麻。将炒酥拣净的芝麻趁热放在石碾上反复碾碎或放在小磨上细磨。当把芝麻碾磨至稠糊料浆时检查细度，用拇指、食指捻开料浆，不留残渣，越细越好。然后把料浆搅在盆子里，放进盛有开水的锅里用文火加热。③兑水搅拌。经过磨料操作，加入开水搅拌，就能把料浆中的油代替出来。必须用90℃以上的开水，加水量一般是芝麻重量的1/2左右，分三四次加入，逐次减少加水量，每次加水后均要搅拌。油浆底部渐呈蜂窝状，大部分油即浮出。最后酌量加水定浆，搅速放慢，半小时后将油撇出。④振动分油。料浆加水搅拌后，大部分油从油浆中分离出来，可用面杖或葫芦类物体在油渣浆中上下振荡，促进渣浆中的小油滴结团浮出。连续振动撇油 3 次。振动分油时应保持温度在 80～90℃，以降低油的黏度。撇出的芝麻油，若不带浆、渣就不要过滤，即为清香透明的小磨香油。剩下的油渣可做酱油、味精和点心馅等，但要注意及时食用，防止发霉变质，油渣多时可以干藏。

　　石磨芝麻油加工工艺的核心是水代法。通过水代法，将油从芝麻中替换出来，减少"炒籽"过程中炒煳的芝麻的影响，使油更加纯正清香。

思考与练习

1. 试述花生、油菜和芝麻生产的异同点。
2. 花生、油菜和芝麻是否可以轮作？为什么？
3. 芝麻是否可以作为河南特色作物重点产业化发展？

模　块　八
棉花

【学习目标】

1. 了解河南棉花生产概况、生态区划、种植模式、产量构成要素等基本知识以及河南棉花生产中存在的问题。

2. 掌握棉花的生长发育特点、逆境因子应对措施，不同生育期的管理关键及病虫害防治技术和化学调控技术。

3. 熟悉春棉、麦套棉、夏棉等生产技术要点，地膜覆盖、育苗移栽等棉花生产技术等。

河南棉花种植曾是中国棉花生产的领头羊，中国棉花研究所建在河南省安阳市，河南新乡曾经每年为全国供应 30% 的棉花种子。当新疆逐渐成为棉花生产的优势地区后，河南的棉花种植面积逐年下降，到 2013 年，种植面积下降到 18.7 万 hm^2，仅占全国棉花种植面积的 4.3%；棉花总产量为 18.9 万 t，占全国棉花总产量 630 万 t 的 3.0%。

学习任务一　河南棉花生产概况

一、河南棉花的地位

河南棉花种植历史悠久，曾是中国最大的棉花生产基地。然而，近几年来，河南棉花面积萎缩较快，1992 年为 130 万 hm^2，2011 仅为 50 万 hm^2，已降至 20 年来的最低点。但棉纺生产能力却逐年加大，河南规模以上纺织企业 950 家左右，棉纱产量居全国第三位。棉花缺口加大，纺织原料吃紧，使得河南的纺织企业需要从新疆、甘肃采购或国外大量进口，增加了经营成本。

棉花是我国主要的经济作物，棉花常年种植面积在 400 万～500 万 hm^2。棉花全身都是宝，棉纤维是纺织工业的主要原料，也是轻工、化工、医药和国防的工业原料，棉籽是重要的粮油来源和化工原料，棉籽壳是食用菌原料，棉粕是优质的饲料和肥料，棉秆是重要的造纸原料。由于棉花产业链长，涉及生产、加工、流通、纺织、出口等多个行业，属劳动密集型产业，涉及几千万人的就业岗位，因此，发展棉花生产具有重要的意义。

二、河南棉花的种植模式

河南属于温带半湿润季风气候区，无霜期 180～230 d，棉花生长期 4～10 月，大于 15℃活动积温 3 500～4 000℃。春秋日照充足，热量条件适中，有利于棉花生长和吐絮。年均降水量在 500～1 000 mm，降水量集中在 7～8 月。河南南阳、信阳地区属于长江流域棉区，其他地方属于黄河流域棉区。

河南棉花种植模式主要有麦套棉、夏播棉。其中，麦套棉主要有麦套移栽、麦套地膜覆盖和麦套直播三种方式；夏播棉主要有麦垄点播、麦后直播和麦后移栽三种方式。

三、河南棉花生产中存在的问题及棉花生产方式发展的趋势

（一）河南棉花生产中存在的问题

1. 棉花效益下降

在肥料和农药价格居高不下的情况下，单位面积的农药和化肥投入量增加，导致生产成本大幅度提高，造成棉花经济效益下降，棉农收益减少，再加上棉花易受气候影响，产量浮动大，严重削弱了农民的种棉积极性。

2. 劳动力投入过多

棉花生产主要还是人工劳作，呈现典型的劳动力密集特征。目前，棉田劳动力投入过多，据中国科学院农业政策研究中心的胡瑞法等人调查，"我国棉花的每公顷劳动力投入在 520～610 个"，其主要原因是棉花栽培管理工序多，技术性强，管理烦琐，劳动生产率偏低。

3. 原棉质量不稳定

多年以来，生产上采用两熟制常常提前收获，或者阴雨天气过多等原因，导致收获的棉花中有许多没有正常成熟，引起原棉质量下降。种植的品种"多、乱、杂"问题一直未能有效解决，优良的品种种植区域乱，造成原棉质量一致性差，现有优质棉品种的潜力得不到充分发挥。其结果导致同一类型的原棉批量小，对纺织企业批量生产和产品质量稳定性造成影响较大。

4. 化控技术使用不当

化学调控技术是对棉花生长发育全过程进行调节和控制，能起到促根壮苗、协调棉花生育、延缓叶片衰老、塑造理想株型、改善成铃结构、促进棉铃发育等一系列综合功能，而且具有投入少，效果明显的特点。但是，棉农在使用化学调控技术时，往往因没有全面掌握技术，不能根据地情、苗情和天气情况灵活掌握使用种类、时间和剂量，而是盲目、随意地进行化学调控，以致效果不显著，甚至造成大面积减产。

5. 棉田内环境污染严重

多年连续使用大量的农药和除草剂，导致土壤农药残留过高，严重影响棉田土壤环境，不利于生产水平的提高。多年来地膜覆盖导致的白色污染，使棉田土壤进一步恶化，棉花根部的生长受到抑制，严重影响棉花的产量。由于土壤环境的恶化，必然影响土壤生产力的可持续提高。

（二）棉花生产方式发展的趋势

棉花生产技术要适应当前的形势，必须实现三个转变，即高产型向高效型转变，产量型向产量与质量并重型转变，管理复杂型向简化型转变。为此，需要做好以下几项工作：

1. 推广"无土育苗"技术

棉花无土育苗技术具备地膜覆盖和温床育苗的栽培技术的改变土壤环境、解决粮棉矛盾、加快棉花生育进程、促进了棉花苗全苗壮、延长了有效花铃期等方面的功能外，还拥有以下优势：①减少投入、降低成本；②提高棉苗利用率，减少病害发生程度；③成活率高，易实现一栽全苗；④操作性强，利于良种推广；⑤由于实行规模化育苗，能从根本上杜绝种子多乱杂现象，利于良种普及和提高棉花品质。总之，棉花无土育苗栽培技术是棉花生产上的又一项重大的技术创新，推广棉花无土育苗技术势在必行。

2. 开发"液体地膜"技术

液体地膜（也称多功能可降解液体地膜）是一种新开发出的高分子有机化合物，具有保墒、增温等多种功能。试验表明，与地膜覆盖技术相比，适量液体地膜育苗棉花增产显著，移栽后缓苗期短，叶面积大，生育前期增加快，后期下降幅度小，叶片光化学特性得到改善，优质铃数增加，铃重提高。采用液体地膜技术的目的：①使有机液体地膜育苗移栽棉更加高产；②为棉花传统育苗移栽技术注入新的活力。因此，在棉花生产中，采用液体地膜育苗是一项可行的技术。

3. 搞好"化学调控技术"应用

要做到正确使用化学调控技术，必须具备较高的知识水平，正确选择化学调控试剂类型、准确掌握使用浓度、把握使用时期和次数等内容，才能发挥化学调控技术对增产增收的作用。通过多种途径加强化学调控技术知识的宣传培训，提高棉农使用化学调控技术的水平，是实现棉花高产、稳产，提高棉农收益的低投入高产出的十分有效的途径。

4. 推广"简化栽培"技术

随着经济的快速发展，劳动力成本越来越高，导致从事农业劳动群体向高龄化和女性化转移，简化栽培技术的推广与使用成为我国棉花生产的发展趋势，因此，积极开展简化栽培技术是当前棉花栽培研究的必然选择。并适时推广适宜从事棉花生产劳动者操作的棉花简化栽培技术。完善间作、套种栽培技术和"矮、密、早"等特色栽培技术。

5. 选用新品种及配套栽培技术

选用抗逆性强的中早熟高产、稳产、优质棉花新品种及配套的栽培技术。

四、河南棉花的生长发育特点及逆境因子分析

棉花原产于高温、干旱、短日照的热带和亚热带，是多年生木本植物。经过人们引种栽培，长期驯化，才成为一年生植物。在驯化过程中，棉花原有的若干生长习性，有的仍保留下来，有的则得到改造，这些习性在个体发育过程中都有所反应；同时，按照人们的需要，又发展和具备了一些新的特性，使棉花具有更广泛的适应性和更理想的早熟、优质、丰产性。棉花的主要生长发育特点如下：

（一）具有无限生长习性

棉花在温、光、水、肥、气等环境条件适宜时，能够不断地进行营养生长和生殖生长。所以，植株高低、分枝多少、长短、叶片多少、大小，以及蕾花铃的多少、大小等性状，容易随环境条件变化而改变。过去在温室里培养的所谓"棉花王"，可高达数米，分枝百余个，单株结铃上千个，以及个别年份晚秋转暖，往往会出现新枝新叶，重新现蕾开花的"倒发"现象等，都是无限生长习性的反应。

当前生产中应用的塑膜覆盖育苗移栽和地膜覆盖等技术措施，就是利用这种特性，采取人为增温早播的方法，以延长其有效生育期，是实现优质、高产、高效益的手段之一。

（二）营养生长与生殖生长并进期长

棉株现蕾以后，即进入长达 60 ~ 70 d 的营养生长与生殖生长并进期，这就产生了两者对营养物质分配以及对环境条件要求的矛盾。如果措施得当，根、茎、叶、枝生长健壮，蕾、花、铃发育良好，就能丰产优质。否则矛盾激化，就会引起蕾铃大量脱落，造成减产。就河南气候条件看，从 6 月上旬现蕾到 8 月下旬吐絮，

气温高，雨量分配不匀，容易出现旱、涝现象，病虫害也较多，管理稍有失误，就会导致两者关系失调，造成严重不良后果。在这个问题上，可以充分体现出棉花管理技术的复杂性。

（三）喜温好光

棉花喜温是其固有的特性之一。温度对它的生长发育和产量、品质影响极大，在一定温度范围内，生理代谢活动有随温度升高而增强的趋势，即温度升高时，生长发育快，生育期相对缩短，有利于早熟增产；相反，对低温反应敏感，突出表现在棉花发芽出苗和苗期生育，如遇寒流，往往呈现弱苗晚发，特别是后期降温早时，铃期延长造成迟熟。一般来说，棉花生长的适温为 25～30℃，35～37℃ 棉花勉强可以生长发育，气温高于 40℃ 对棉花有害；如遇低温，除子叶期短时间 -1～-2℃ 低温外，真叶出现以后，耐寒力下降，地表温度降到 2～4℃ 时，就会遭受冻害，降到 -1℃ 时叶死，-2～3℃ 时全株枯死。但是各生育期所需适温不同。一般种子发芽需要 12℃，出苗需要 16℃，发芽出苗最适温度为 20～25℃。苗期温度高，出叶速度快，苗期开始现蕾需要 19～20℃，适宜温度为 25℃，超过 30℃，顶芽生长过快，腋芽受到抑制，现蕾反而减慢。花铃期适宜温度为 25～30℃，光合效率较高，如温度继续增高，呼吸作用增快，消耗体内有机养分多，不利于生长发育。棉纤维发育要求较高的温度，日平均温度 15℃，棉纤维不再伸长；低于 21℃，还原糖不能转化为纤维素，铃重和纤维品质显著下降。棉花生育后期，日平均温度降到 10℃ 以下，日最低温度低到 -1℃，棉花即停止生长。此外，各生育期除了需要一定的温度外，还需要一定的有效积温，如有效积温不够，仍不能进入另一个新的生育期。

棉花是短日照作物，但是陆地棉早熟品种和中熟品种，对短日照反应迟钝。一般在每天 12 h 光照条件下发育较快，每天日照 8 h 以下，由于植株营养不良，发育明显推迟。

棉花好光性强，叶片有向光性，日落后稍下垂。棉花的光补偿点较高，为 1 000～2 000 lx，光饱和点为 70 000～80 000 lx。阴雨天气，光照弱，不仅减弱光合产物数量，而且改变了光合产物类型，即合成的蛋白质多于糖类，并降低了有机养料自叶片向外运输的速度，不利蕾铃发育，往往造成徒长，增加脱落。

由于棉花是多分枝作物，上、中、下各部果枝都开花结铃，故对光照条件反应比较敏感，如光照充足，植株生长健壮，节间较短，往往铃多，铃大，品质好，否则旺长脱落多。苗期若间苗晚、定苗迟、棉苗拥挤，往往形成弱苗晚发，出现子叶节和第一果枝节位都高的高腿苗；花铃期，如封行过早过严，田间荫蔽重时，中、下部光照条件恶化，光合产物少，会引起蕾铃大量脱落，后期中、下部光照不足，也容易增加烂铃、僵瓣，影响产量和品质。

(四) 适应性广

棉花原是多年生木本植物，虽经人们长期栽培，仍保留不少木本植物的特性。棉花适应性广，就是这种特性的表现之一。棉花比较耐旱涝、耐盐碱、耐瘠薄。研究表明，在 10 ~ 30 cm 土层含水量下降到 8% ~ 12% 时，棉花仍能存活；在淹水 3 ~ 4 d 后，及时排水仍能恢复生长；对土壤盐碱度适应范围较广，在 pH 5.2 ~ 8.5 的土壤中都能正常生长，这是因为棉花根、茎叶木质化程度高，主侧根分明，主根入土深，侧根分布广，根系庞大，吸收力强。此外，棉花腋芽在生长势强，当主茎生长点折断后，会较快地生长出新的分枝代替主茎所有这些适应性，都有利于抗灾夺丰收。

从棉花个体生长发育看，其主要特性是苗期根长得快，茎叶生长得慢，根长速度是苗高的 2 ~ 4 倍。现蕾后，地上部分生长逐渐加快，初花到盛花是棉株营养生长和生殖生长最旺盛的时期，营养物质分配的矛盾加剧。盛花期后，蕾铃吸收养分的能力增强，茎、枝、叶的生长逐渐慢下来。

(五) 棉花具有蕾铃脱落的习性

棉花蕾铃脱落是在不良环境条件作用下，系统发育过程中形成的，是自动调节的表现。蕾铃脱落是抗御自然灾害，继续生长发育、传种接代的一种特性。棉株结铃具有很强的时空调节补偿能力，前、中期脱落多结铃少时，后期结铃就会增多；内围脱落多结铃少时，外围结铃就会增多。在棉花进入蕾期和花铃期以后，如果遇到光、温、水、肥、气等条件不能满足正常生长发育的需要，或措施不当的情况下，势必影响正常的代谢活动，致使蕾铃得不到足够的有机养料而脱落。

五、河南棉花不同生育时期的管理关键与管理目标

(一) 棉花生育期

棉花从播种到收花结束，叫大田生长期。时间长短视霜期而定，一般 200 d 左右。

从出苗开始到吐絮所经历的时间，叫生育期，一般中熟陆地棉品种为 126 ~ 135 d，早熟陆地棉品种为 105 ~ 115 d。

棉花整个发育期中，要经历四个主要生育时期：

1. 出苗期

棉苗出土后，两片子叶平展为出苗，全田出苗达 50% 的时期为出苗期。

2. 现蕾期

棉株第一果枝出现直径 3 mm 大小的幼蕾为现蕾，全田有 50% 棉株现蕾时为现蕾期。

3. 开花期

棉株第一朵花花冠开放为开花，全田 50% 棉株开第一朵花为开花期。

4. 吐絮期

棉株第一个棉铃的铃壳正常开裂见絮为吐絮，全田 50% 的棉株吐絮为吐絮期。

此外，棉花生育过程中还细分为盛蕾期和盛花期，一般以全田 50% 棉第四果枝第一蕾出现及第四果枝第一朵花开放为准。

（二）生育时期及管理关键与管理目标

根据棉花生长发育过程中不同器官的形成及其生育特点，把棉花的一生划分为以下五个生育时期，其不同时期的管理关键与管理目标如下：

1. 播种出苗期

播种出苗期指从播种到出苗所经历的时间。河南棉区春棉一般 4 月中、下旬播种，4 月底至 5 月初出苗，需经历 10 ~ 15 d；夏播棉 5 月中、下旬播种，5 ~ 7 d 后出苗。该阶段的主要特点是棉籽萌发出苗的生物学变化过程。主要限制因素为土壤的温、水、气状况。

管理关键：调控好温、水、气。

管理目标：一播全苗。

2. 苗期

棉花从出苗到现蕾所经历的时间为苗期。直播春棉自 4 月底 5 月初至 6 月上、中旬，历时 40 ~ 45 d 现蕾；夏棉一般 5 月底全苗，经历 25 ~ 28 d 现蕾。

棉花苗期是以长根、茎、叶为主的营养生长阶段。并在 2 ~ 3 片真叶期开始花芽分化，进入孕蕾期。根系是棉花苗期的生长中心，现蕾时主根下扎达 70 ~ 80 cm 土层，上部侧根横向扩展达 40 cm 左右，是根系建成的重要时期。影响棉苗生长的外在因素主要是温度、光照、肥料和水分。低温导致病苗、死苗和弱苗晚发；光照不良形成高脚弱苗，推迟现蕾；需肥量少，但对肥料反应十分敏感。缺氮抑制营养生长，影响花芽分化，延迟现蕾。缺磷抑制根系生长发育。缺钾光合作用减弱，容易感病。肥料过多，特别是氮肥过多，容易引起地上部旺长，花芽分化延迟；土壤水分略少一些，有利于扎根，促进壮苗早发。

管理关键：采取保温增温、增加光照、合理控肥控水，克服不良环境条件的影响，抓好全苗，培育壮苗，促早发。

管理目标：实现棉株敦实，茎粗节密，根系发达，叶片大小适中，叶色油绿。

3. 蕾期

棉花从现蕾到开花的时期为蕾期。春棉一般在6月上、中旬现蕾，7月上、中旬开花；夏棉6月中、下旬现蕾，7月20日前后开花，历时25~30 d。

棉花现蕾后进入营养生长与生殖生长并进时期。棉株既长根、茎、叶、枝，又进行花芽分化和棉蕾生长发育，但仍以营养生长占优势，以扩大营养体为主。蕾期棉株根系迅速扩展，吸收能力提高；叶面积增长加快，光合生产力提高；干物质积累迅速增加，约占一生总积累量的13%~16%。此时，若氮肥供应过多，会使营养生长过旺，导致开花后中、下部蕾铃大量脱落。若肥水供应不足，棉株生长缓慢，影响营养体的扩大和光合产物的积累，搭不起丰产架子，且易早衰。若株型松散，叶大蕾小，是旺苗；株型矮小，茎细株瘦，叶小蕾少，是弱苗。

管理关键：以肥、水管理为中心，协调营养生长与生殖生长的矛盾，实现壮株稳长。

管理目标：株型紧凑，茎秆粗壮，果枝平伸，叶片大小适中，蕾多蕾大。

4. 花铃期

从开花到吐絮称为花铃期。一般从7月上、中旬至8月底9月上旬，历时50~60 d。花铃期又可分为初花期和盛花期。

初花期约经历15 d。初花期是棉花一生中营养生长最快的时期。株高、果节数、叶面积的日增长量均处于高峰；根系生长速率已减慢，但其吸收能力最强；生殖生长明显加快，主要表现为大量现蕾，开花数渐增，脱落率一般较低。全株仍以营养生长为主，生殖器官干重只约占总干重的12%。进入盛花期后，株高、果节数、叶面积的日增量明显变慢，生殖生长开始占优势，运向生殖器官的营养物质日渐增多。此时生殖生长主要表现为大量开花结铃。叶面积指数、干物质积累量均达到高峰期。此期是营养生长与生殖生长，个体与群体矛盾集中的时期，亦是蕾铃脱落的高峰期。若株型高大松散、果枝斜向上生长、叶片肥大、花蕾瘦小、脱落，多属旺长；相反，棉株瘦小、果枝短、叶小蕾少，属长势不足。

管理关键：以肥水为中心，辅之以整枝、化学调控，调节好棉株生长发育与外界环境条件的关系，达到个体与群体、营养生长与生殖生长的关系，达到减少脱落、多结棉铃、防止早衰的目的。

管理目标：株型紧凑，果枝健壮，节间短，叶色正常，花蕾肥大，脱落少，带桃封行。

5. 吐絮期

从吐絮到收花结束称为吐絮期。春棉一般从8月底9月上旬至11月上旬，历时60~70 d；夏棉一般9月中旬吐絮，历时30~40 d。10月20日前后拔柴。

进入吐絮期，棉株营养生长逐渐停止。顶部果枝平伸，有3~4个果节，成铃率高；叶面积指数由初絮期的2.5~3，到9月20日左右维持在1.5~1.7。此期若顶部果枝向上伸展过长，赘芽丛生，叶片不落黄，则为贪青晚熟，不利于有机营养向棉铃输送。若上部果枝伸展不开、短而细，蕾铃大量脱落，叶片褪色过早、过快，或叶片过早干枯脱落，是棉株早衰的表现，甚至会出现二次生长，严重影响棉铃发育。

管理关键：力争棉铃充分成熟，提高铃重，改善品质。因此要保根、保叶，维持根系的吸收能力，延长叶片功能期，以提供棉铃增大和充实所需的有机营养，实现早熟、不早衰。同时，控制肥水的应用，防止棉株贪青晚熟。

管理目标：初絮期长相应是"红花绿叶托白絮"，随后叶色开始褪淡，逐渐落黄，棉铃由下向上、由内向外逐步充实、成熟、吐絮，根系的吸收能力渐趋衰退，棉株体内有机营养近90%供棉铃发育。

学习任务二　河南棉花的常规管理技术

一、播前种子准备

1. 品种选择

河南棉区，麦套棉要选择前期生长势较强、中期发育较稳健、中上部成铃潜力大、株型较紧凑、铃重稳定、衣分高、中早熟的优质高产品种；夏套棉可选择高产、优质、抗病、株型紧凑的特早熟棉品种。

2. 精选良种

目前，河南棉花良种普及率在90%以上。播种前，选购棉花种子是，宜选择有品牌、有信誉的种子供应商，选品种纯度应达到95%以上，发芽率在80%以上优良种子。

3. 播前晒种

购买的商品种子，种子多数为脱绒包衣后的良种或原种。由于包衣后的种子不能浸种，因此，晒种是播种重要的环节。晒种有促进棉籽后熟，加速水和氧气的进入，提高发芽率和发芽势的作用。晒种一般在播种前一周进行，选晴天晒种 3 ~ 5 d。

二、播种及保苗技术

1. 整地备播

春播麦套棉，整地备播是在前年播种小麦时进行。做到"施足基肥，深耕整地"，其增产效果十分显著。据试验，深耕 20 ~ 33 cm 比浅耕 10 ~ 17 cm 皮棉增产6.5% ~ 18.3%。深耕结合增施有机肥料，能熟化土壤和提高土壤肥力，使耕作层疏松透气，促进根系发展，扩大对肥、水的吸收范围；改善土壤结构，增强保水、保肥能力和通透性；加速土壤盐分淋洗，改良盐碱地；减轻棉田杂草和病虫害。

2. 确定播种期

适期播种，可使棉株生长稳健，现蕾开花提早，延长结铃时间，有利于早熟高产优质；播种过早，地温低，容易造成烂种缺苗；播种过晚，生育期推迟，导致晚熟减产，降低纤维品质。

春季气温上升比较稳定的地区，可在 5 cm 地温稳定在 12～14℃时抓住"冷尾暖头"或根据"终霜前播种，终霜后出苗"的原则播种，适宜播期在 4 月中旬；春季气温不稳定地区，以终霜期过后，5 cm 地温稳定在 15℃以上时播种为好，播种期以 4 月 15～20 日为宜。

3. 确定播种量

播种量要根据播种方法、种子质量、留苗密度、土壤质地和气候等情况而定。播种量过少难于保证应有的株数，影响产量；过多不但浪费棉种，而且会造成棉苗拥挤，易形成高脚苗，并会增加间苗用工等。

一般条播要求每米播种行内有棉籽 30～50 粒，每公顷用精选种子 60～70 kg；点播每穴 5～8 粒，每公顷用种 30～45 kg。在种子发芽率低、土壤墒情差、土质黏或盐碱地、地下害虫严重时应酌情增加播种量。在环境适宜的条件下，采用精量播种，每公顷用种仅 15～30 kg，既可提高播种效率，又节省大量棉种和间、定苗用工。

4. 选择播种方式

播种方法有条播和点播两种。条播易控制深度，出苗较整齐，易保证计划密度，田间管理方便，但株距不易一致，且用种量较多。点播节约用种，株距一致，幼苗顶土力强，间苗也方便，但对整地质量要求高，播种深度不易掌握，易因病、虫、旱、涝害而缺苗，难以保证密度。

采用机械条播或精量点播机播种，能将开沟、下种、覆土、镇压等作业一次完成，保墒好、工效高、质量好，有利于一播全苗。

5. 确定播种深度

棉花子叶肥大，顶土能力差。播种过深，温度低，顶土困难，出苗慢，消耗养分多，幼苗瘦弱，甚至引起烂子、烂芽而缺苗；播种过浅，容易落干，造成缺苗断垄。播种深度要根据土质和墒情而定，一般掌握播种深度为 3～4 cm。

6. 确定种植密度

合理密植可以充分利用地力和空间，提高光合利用率和改善棉铃空间分布。确定种植密度是要考虑气候条件、土壤肥力、品种特性、种植制度等。河南棉区高产田春棉的适宜密度为每公顷 4 万～6 万株，夏播棉为每公顷 7 万～12 万株。

在确定密度后，确定行株距。河南棉区主要方式有等行距和宽窄行两种。河南棉区高产田春棉的适宜行距为 80 ~ 90 cm，夏播棉为 40 ~ 60 cm。

7. 播种技术

在适期播种的前提下，提高播种质量是实现一播全苗的关键。播种技术总的质量要求是播行端直，行距一致，播深适宜，深浅一致，下籽均匀，无漏播、重播，覆土匀细紧密，以达到苗早、全、齐、匀、壮的要求。

8. 播后管理

为了实现一播全苗，要求播后就管。若出苗前遇雨，土壤板结，应及时中耕松土破除板结，提高地温；对墒情差，种子有可能落干的棉田，应采取谨慎措施，在万不得已的情况下，可采取隔沟浇小水，切忌大水漫灌。出苗后发现缺苗断垄，要及时催芽补种。

一般苗期中耕 2 ~ 3 次，深 5 ~ 10 cm。机械中耕要达到表土松碎，无大土块，不压苗、不铲苗，起落一致，到头到边。齐苗后及时间苗，定苗从 1 真叶期开始至 3 真叶期结束，要求留足苗、留匀苗，确保种植密度。缺苗断垄处，可留双株。

三、施肥技术

棉花苗期以根生长为中心，吸收氮、磷、钾的数量占一生吸收总数量的 5% 以下。此期虽然吸收比例小，但棉株体内含氮、磷、钾百分率较高。蕾期植株生长加快，进入营养生长与生殖生长并进阶段，根系迅速扩大，吸肥能力显著增加，吸收的氮、磷、钾占总量的 25% ~ 30%。花铃期是产量形成的关键时期，棉株在盛花期营养生长达到高峰后转入以生殖生长为主。吸收的氮、磷、钾占一生总量的 60% ~ 65%，吸收强度和比例均达到高峰，是棉花养分的最大效率期和需肥最多的时期。因此，保证花铃期充足的养分供应对实现棉花高产及其重要。吐絮期棉花长势减弱，吸肥量减少，叶片和茎等营养器官中的养分均向棉铃转移而被再利用，棉株吸收的氮、磷、钾占一生总量的 5% 左右，吸收强度也明显下降。

1. 增施有机肥

增施有机肥，可培肥地力。随着棉花产量的不断提高，对土壤肥力提出了更高的要求。土壤有机质要求在 0.8% 以上，土壤理化性质较好，团粒结构多，土壤 pH 6.5 ~ 7.5。增施有机肥对于保持和提高土壤有机质及有机质的更新起着重要作用。因此，高产棉田应重视有机肥的施用。增施有机肥的途径主要有施厩肥、秸秆还田、油渣还田、复播绿肥等。

2. 重施基肥

棉花生育期长，根系分布深而广，不但要求表层土壤具有丰富的矿质营养，而且耕层深层也应保持较高的肥力，并能缓慢释放养分。因此，应重视基肥的应用。基肥以有机肥为主，再配合适量的磷、钾肥。重施基肥，肥料在耕层内分布均匀，供肥平稳而持久。生育前期能促壮苗早发，中后期利于棉株稳健生长。全层深施的氮肥应尽量用缓释氮肥，以提高氮肥的利用率。高产棉田一般要求每公顷施有机肥30~60 t。

3. 合理追肥

棉花追肥的总原则是"轻施苗肥，稳施蕾肥，重施花铃肥，补施盖顶肥"。

（1）轻施苗肥　棉花苗期虽营养体小，需肥量少，但该期棉苗对氮、磷的供应十分敏感。在基肥用量不足时，尤其是低、中产棉田，应重视苗肥的施用，以促根系发育、壮苗早发。一般每公顷标准氮肥45~75 kg，基肥未施磷、钾肥的，适量施用磷、钾肥。基肥用量足的高产棉田可不施苗肥。

（2）稳施蕾肥　棉花蕾期施肥既要满足棉花发棵、搭丰产架子的需要，又要防止施肥不当，造成棉株徒长。因此要稳施、巧施。对于地力好、基肥足、长势强的棉花，可少施或不施。对地力差，基肥不足，棉苗长势弱的棉田，可适当追施速效氮肥，一般每公顷施标准氮肥150~225 kg。

（3）重施花铃肥　花铃期是棉株生育旺盛时期，也是决定产量、品质的关键时期。该期大量开花形成优质有效棉铃，是一生中需要养分最多的时期，因而要重施花铃肥。施用数量和时间，要根据天气、土壤肥力和棉株长势长相而定。一般情况下，花铃肥用量约占总追肥量的50%，每公顷施标准氮肥225~300 kg，高产田增加至450 kg。长势强的棉田，应在棉株基部坐住1~2个成铃时施用。化控条件下追肥前移，改重施花铃肥为初花重施肥。

（4）补施盖顶肥　盖顶肥的主要作用是防止棉株早衰，充分利用有效生长季节，争结早秋桃，提高铃重和衣分。盖顶肥的施用时间一般在立秋前后，每公顷施标准氮肥75~120 kg。一般采取根外追肥方法，叶面喷施尿素液和磷酸二氢钾2~3次。

四、灌溉技术

棉花需水量是指棉花在生长发育期间田间消耗的水量，包括整个生育时期内棉花自身所利用水分及植株蒸腾和棵间蒸发所消耗水量的总和。河南棉区田间耗水量为5 000~7 500 t/hm²。棉田耗水量受自然条件、农业技术措施和产量水平的影响。由于各生育时期的外界环境和生育状况不同，对水分的需要有很大差别。苗期棉花出苗到现蕾阶段，由于气温不高，植株体较小，土壤蒸发量和叶面蒸腾量均较低，因此需水较少。此阶段的需水量占全生长期总需水量的15%以下，0~40 cm土层内保持田间持水量的55%为宜。蕾期棉花现蕾以后，气温逐渐升高，棉花生育加快，土壤蒸发量也随之增加，需水量也逐渐加大。此阶段的需水量占全生长期总需水量的12%~20%，0~60 cm土层内保持田间持水量的60%~70%为宜。花铃期棉花开花以后，气温高，棉株生长旺盛，叶面积指数和根系吸收能力都达到高峰，需水量最大。此阶段的需水量占总需水量的 45% ~ 65%，0 ~ 80 cm 土层内土壤水分以保持在田间持水量的 70% ~ 80% 为宜。吐絮期由于气温下降，叶面蒸腾减弱，需水量逐渐减少。此阶段的需水量占总需水量的 10% ~ 20%，土壤水分保持在田间持水量的 65% 为宜。

1. 播前灌溉

河南区春季干旱，一般要进行播前贮备灌溉，使土壤有足够的水分，满足棉花出苗及苗期水分需要。结合各棉区生产实际，可进行秋（冬）灌，也可进行春灌。秋（冬）灌可改良土壤结构，减轻越冬病虫害，提高棉田地温。一般在封冻前 10 ~ 15 d 开始至封冻结束。灌水过早，因气温高，蒸发量大，水分损失多；过晚则因土壤结冻，水不下渗，在来年春天解冻时，造成地面泥泞，影响整地和播种进度。秋（冬）灌灌水量一般每公顷 1 200 t 左右。未进行秋灌或播前土壤湿度不足时，可在播前 10 ~ 20 d 进行春灌，灌水量不宜过大，一般每公顷不超过 900 t。

2. 生育期灌溉

棉花生育期灌水因棉区而异。河南棉区苗期气温、地温较低，一般不灌水，现蕾至开花期是缺雨季节，是棉田灌水关键时期，宜小水轻浇，每次灌水量 300 ~ 450 t/hm^2。高产棉田一般宜适当推迟灌水，以控制营养生长，促进根系发育和生殖生长，减少蕾铃脱落。进入花铃期后，雨热同季，既要注意排水防涝，又要注意伏旱灌水。

地膜覆盖保墒效果好，主要通过中耕松土、除草、护膜封穴保持土壤水分，促进棉苗根系下扎，故一般不灌水。灌水时间要结合棉花生育进程、长势长相及土壤含水量等确定。灌水前要做好除草、施肥、化学调控、揭膜等工作。灌水时间必须根据土壤墒情、天气状况和植株长势、长相灵活掌握。

五、整枝技术

棉花整枝包括去叶枝、打顶、打边心、抹赘芽、打老叶等。对于生长正常的棉田打边心、抹赘芽、打老叶不仅费工，而且增产效果不明显。目前生产上主要进行去叶枝、打顶等作业。

1. 去叶枝

当第一个果枝出现后，将第一果枝以下枝叶及时去掉，保留主茎叶片，称为去枝叶或抹油条。去枝叶可促进主茎果枝的发育，弱苗和缺苗处的棉株可以不去枝叶，等其伸长后再打边心。去枝叶在现蕾初期进行，一般株型松散的中熟品种需要去枝叶，株型紧凑的早熟品种可不去枝叶。

2. 打顶

打主茎顶心消除顶端优势，调节光合产物的分配方向，增加下部结实器官中养分分配比例，加强同化产物向根系中的运输，增强根系活力和吸收养分的能力，进而提高成铃率。适宜打顶的时间：河南棉区多在 7 月中旬打顶；土质肥沃的棉田，可推迟到 7 月下旬打顶；高密度的旱薄地棉田，则可提早到 7 月上旬打顶。

打顶方法应采取轻打顶，即摘去顶尖连带一片刚展开的小叶。因打顶迟而采取重打顶时，可打 2 叶 1 心。打顶心的原则是"枝到不等时，时到不等枝"，各地应根据自然条件、种植密度等因素灵活掌握。

3. 打边心

打边心又称打群尖、打旁心，就是打去果枝的顶尖。打边心可控制果枝横向生长，改善田间通风透光条件，有利于提高成铃率，增加铃重，促进早熟。生产上对肥水充足、长势较旺、密度较大的棉田，自下而上分次打去边心，并结合结铃情况，下部留 2～3 个果节，中部留 3～4 个果节，上部可根据当地初霜期早晚灵活确定。河南棉区打边心时间一般在 8 月 10～15 日前。

4. 抹赘芽

主茎果枝旁和果枝叶腋里滋生出来的芽都是赘芽，由先出叶的腋芽发育而来。在氮肥施用多，土壤墒情足，打顶过早时，常有大量赘芽发生，既消耗养分，又影响通风透光，应及时打掉。

六、植保技术

棉花是病虫危害最严重的作物，棉花一生中要受到近百种病虫相继危害。对棉花生产造成巨大损失，每年因病虫害造成的棉花产量损失高达 15%～20%。常用的有农业防治、物理防治、生物防治、化学防治等，并以化学防治为主。化学防治大量使用农药，不仅提高了植棉成本，而且污染环境，破坏生态平衡，增强害虫的耐药性，使棉害虫防治越来越难。

1. 播种出苗期病虫害防治

冬耕灭虫，消灭越冬虫源，播种和出苗后清除田内外杂草，可消灭害虫卵和幼虫。

播前精细整地，增施有机肥，出苗后早中耕、勤中耕提高地温，促进根系发育，棉苗生长健壮，减轻苗病发生。

选用籽粒饱满、发芽率高、发芽势强的抗虫、耐病品种。

选用包衣的种子。

根据待播地的病虫害情况，选择适宜的生物农药预防地下害虫和苗期病害。

早间苗定苗，去除病弱苗。

2. 蕾期病虫害防治

结合田间操作，通过打顶尖，去边心，去除无效花蕾，可有效消灭幼虫和虫卵，利用黑光灯或频振式杀虫灯诱杀成虫。

田间发现零星病株及时拔除，并进行病穴消毒，拔除的病株带出田外进行灭毒处理（烧或深埋）。

根据棉田的病虫害情况，选择适宜的生物农药预防蕾期病虫害。

3. 花铃期病虫害防治

加强田间管理合理施肥，避免单独过多施用氮肥，增施复合肥，防止徒长及株间郁闭。

连续阴雨时及时开沟排水，及时整枝、摘心、打顶、去老叶、去无效花蕾，降低田间湿度，减少烂铃发生。通过整枝可消灭幼虫和虫卵。

根据棉田的病虫害情况，选择适宜的生物农药预防花铃期病虫害。

4. 吐絮期病虫害防治

吐絮期病害主要是铃病和棉铃虫、盲蝽等害虫，防治措施同花铃期。

转基因抗虫棉对棉铃虫等鳞翅目害虫有良好的抗性，棉花生育前期无须防治棉铃虫。但中后期对棉铃虫的抗性下降，应加强田间虫情测报及时防治。由于转基因抗虫棉大面积推广，非靶标害虫发生有明显的上升趋势，故应加强对非靶标害虫的防治。

知识链接一：一种全新的棉花种质资源——光籽棉

光籽棉是棉花种质资源中很小的一类。这些种质资源的光籽率很低，约30%，籽粒无短绒率也低于50%。后代退化程度严重。由新乡市锦科棉花研究所育成的新研9648，2002年分别通过省级审定和国家审定。新研9648因轧花后棉籽无短绒被称为光籽棉。由于新研9648棉籽无短绒，不仅有利于轧花、清花，提高轧花功效，还有利于保持纤维的自然长度，提高籽棉加工和棉纺品质，同时又可降低种子硫酸脱绒处理成本，避免污染环境，保持种子种皮抗性不受破坏，而且易于识别种子特性和保持种子纯度。因此，该品种具有美好的应用前景。该品种的育成是棉花育种上的重大突破，并为棉花育种创造了优良的种质资源。

知识链接二：棉花的未来——低酚棉

目前全球大面积栽培的棉花品种主要是有酚棉，其种仁含有棉酚及其衍生物，人及非反刍动物食用后会出现中毒现象，轻则头晕、呕吐，重则引起死亡。

低酚棉是一种植株组织、器官中无色素腺体的棉花种质资源，其种仁直接榨油可生产高质量的食用油，无须精炼；榨油后剩余的棉仁饼碾磨成棉仁粉，可作为面包、饼干、面条等面食中优质蛋白质的补充成分，有利于种仁营养成分的高效利用。

利用无酚棉种仁的食用、油用功能，可减少大豆、食用油的进口量，解决耕地日益减少与农产品需求不断增长的矛盾，促进农业增效、农民增收，对保障我国粮食、棉花、食用油和精饲料的供给安全，大力发展畜牧业，有效解决农村粮食、饲料争地和饲料紧缺状况。由于低酚棉兼具粮、棉、油、饲等多种功能，所以低酚棉种仁蛋白质和油脂的开发利用符合我国的国情和国民的膳食营养情况，为大众所接受，尤其在饲料产业发展方面具有广阔的前景。

知识链接三：盆景棉花

棉花也可以变成盆景，净化空气、让人观赏，而且红花、黄花、白花……各色花型都有，看上去娇艳无比。造型各异的棉花盆景，它们有的体态娇小，个头及腰；有的体态高大，有一米多高；它们美艳不娇贵，可以持续不断地开花，从7月一直开到11月。这些栽在盆子里的棉花，叶子长相奇特，有的像巴掌一样连在一起，宽宽大大的；有的则像竹叶，狭长苗条；有的叶子是深绿色，有的绿中透着红色。一片片叶子中，躲着一些花朵，花瓣一片片薄薄如纸，颜色多样，黄色、粉红、鲜红、白色等，看上去美艳得很。

盆景棉花是江苏省农业科学院经济作物研究所研发的观赏棉，专门供观赏，只开花，不结棉桃。江苏省农业科学院经济作物研究所研究人员利用自主发现的突变体材料，通过杂交育种已经培育出了各种花色与叶色搭配的观赏棉类型。这种盆景棉花与一般盆景相比，夺人眼球，别有一番风味。

思考与练习

1. 讨论河南棉花生产的出路。
2. 设计棉花简化栽培生产技术的生产流程。

参考文献

［1］陈传印，雷振山．作物生产技术［M］．北京：化学工业出版社，2011．

［2］荆宇，金燕．作物生产概论［M］．北京：中国农业大学出版社，2007．

［3］李振陆．作物栽培［M］．北京：中国农业出版社，2002．

［4］马新明，郭国侠．农作物生产技术［M］．北京：高等教育出版社，2005．

［5］苏宝林．水稻栽培技术［M］．北京：金盾出版社，2009．

［6］于振文．作物栽培学各论（北方本）［M］．北京：中国农业出版社，2003．

［7］赵凤艳．农作物标准生产概论［M］．北京：中国农业科技出版社，2008．

［8］中华人民共和国统计局．中国统计年鉴2014［M］．北京：中国统计出版社，2014．